U0307283

Taste of life Series

品味生活系列

香槟
品鉴大全

日本鳄鱼图书 编著　　崔柳 译

Champagne

中国民族摄影艺术出版社

版权所有 侵权必究

图书在版编目（ＣＩＰ）数据

香槟品鉴大全 / 日本鳄鱼图书编著；崔柳译
. -- 北京：中国民族摄影艺术出版社，2014.7
（品味生活系列）
ISBN 978-7-5122-0573-4

Ⅰ.①香… Ⅱ.①日… ②崔… Ⅲ.①香槟酒 – 品鉴
Ⅳ.①TS262.6

中国版本图书馆CIP数据核字(2014)第119485号

TITLE：［シャンパン博士のシャンパン教科書］
BY：［株式会社ワニブックス］
Copyright © WANIBOOKS Printed in Japan 2007
Original Japanese language edition published by Wanibooks Co.,Ltd.
All rights reserved. No part of this book may be reproduced in any form without the written permission of
the publisher.
Chinese translation rights arranged with Wanibooks Co.,Ltd.,Tokyo through Nippon Shuppan Hanbai Inc.

本书由日本株式会社鳄鱼图书授权北京书中缘图书有限公司出品并由中国民族摄影艺术出版社在
中国范围内独家出版本书中文简体字版本。
著作权合同登记号：01-2014-3274

策划制作：北京书锦缘咨询有限公司（www.booklink.com.cn）
总 策 划：陈 庆
策　 划：陈 辉
设计制作：季传亮

书　 名：品味生活系列：香槟品鉴大全
作　 者：日本鳄鱼图书
译　 者：崔 柳
责　 编：孙芳英　张 宇
出　 版：中国民族摄影艺术出版社
地　 址：北京东城区和平里北街14号（100013）
发　 行：010-64211754 84250639 64906396
网　 址：http://www.chinamzsy.com
印　 刷：北京利丰雅高长城印刷有限公司
开　 本：1/16　170mm × 240mm
印　 张：10
字　 数：115千字
版　 次：2015年3月第1版第1次印刷
ISBN 978-7-5122-0573-4
定　 价：78.00元

 前言

　　在打开软木塞的一瞬间，欢欣雀跃的感觉便迎面扑来。终于告别了地下酒窖的漫长与黑暗，如宝石般耀眼的气泡迫不及待地向上升腾，并且在杯壁间奏出清脆的乐声。伴随着清爽的香气，人们的幸福感也立刻涌上心头，这种被称为"香槟"的起泡葡萄酒总能具有让人兴奋的神奇魅力。

　　现在，一场空前绝后的香槟热潮已经开始盛行，在世界各地都可以有幸品尝到每年仅生产几千瓶的特级香槟。专门经营香槟的香槟酒吧逐渐多了起来，将香槟当作日常饮用酒的人数也在以超乎想象的速度迅速增长着。

　　本书通俗易懂地介绍了香槟的诞生背景、酿造工序、香槟的种类划分等简单实用的内容以及200多款以香槟为主的起泡葡萄酒。我们真心地希望本书能够成为喜欢香槟并且想进一步了解香槟的人们的"教科书"，愿大家能够早些邂逅专属于自己的那一款香槟。

香槟博士、香槟酒吧店主
大井克仁

目录

第一章

了解香槟

　　并不是所有的起泡葡萄酒都是香槟，只有产于法国的香槟区并满足多种严格条件限制的起泡葡萄酒才能被冠以香槟的名字。在这一章中，我们将对香槟的定义、产地、工序、文化、历史等内容进行详尽的介绍。

什么是香槟

过去，在人们的眼里，香槟是只能在婚礼等特殊日子才可以喝到的酒。如今，在阳光明媚的假日去郊外野餐，一边品尝香槟一边度过悠闲的幸福时光已经成为许多人的休闲方式。在不知不觉间，香槟已经走进了我们的生活。除了它的美味，您还想了解更多的东西吗？

☞ 成为香槟的3个必要条件

有许多人误认为香槟就是起泡葡萄酒，其实，只有使用法国香槟区指定的葡萄品种并且通过传统方法（香槟区的传统酿造法）酿造而成的起泡葡萄酒才能够叫做"香槟"，其余的产品则只能统称为起泡葡萄酒。

1 原产地

只有产自法国北部的香槟区的起泡葡萄酒才能被冠以"香槟"的名字。从第1次发现这里酿造的葡萄酒能够产生微弱的气泡到现在，已经有300多年的历史。起初，人们将其称为"香槟区的葡萄酒"，后来才慢慢地简称为香槟。

2 葡萄品种

只有红葡萄中的黑皮诺、莫尼耶皮诺和白葡萄中的霞多丽3个品种能够酿造香槟。黑皮诺本来是用于酿造红葡萄酒，为了避免果皮的色素沾染到果汁，需要先将其榨取果汁，再用来酿造香槟。

3 酿造方法

起泡葡萄酒的酿造方法有许多种，但香槟只适用"瓶内2次发酵"这一种方法，因此，这也被称为香槟区传统酿造方法。虽然花费的时间和精力都要多很多，可正因为如此，才成就了香槟的美味、内涵以及细腻的气泡。

☐ 香槟的独特源自于混合

香槟一般是用不同葡萄园、不同品种和不同年份的葡萄酒混合酿造而成。之所以混合酿造，是因为香槟区处于法国葡萄酒产地的最北端，如果使用单一年份的葡萄酿造会导致品质的不稳定。因此，人们需要用调配法来保存原酒或者香槟的味道。其中，香槟又进一步分为标注原材料主酒年份的记年香槟和不标注具体年份的不记年香槟两大类。正因为香槟是由几十种葡萄酒混合而成，所以说，它能够反映酿造者的品性也并不为过。找到自己喜爱的一款香槟，感觉就像邂逅期待已久的梦中情人一样妙不可言。

重要场合不能缺少的香槟

香槟在婚礼等重要的场合里总是不可或缺。从法国的第一位国王克洛维在兰斯地区举行自己的加冕仪式以来，便形成了之后的历代法国国王都在此举行登基仪式的惯例。在这个过程中，用于款待各位王室成员的香槟酒（最初是非起泡葡萄酒）的好评也随之不断地提升，最终成为了一种在重要仪式或庆典上不可或缺的特别酒类。比如，在法国大革命1周年纪念庆典、各种条约的缔结宴会、王室婚礼、泰坦尼克号及协和飞机的处女航庆祝仪式、英法海底隧道开通庆典、法国大革命200年纪念庆典、1998年世界杯开幕式等具有划时代意义的重大场合中，都离不开香槟的华丽身影。而且，自从在F1方程式赛车的表彰仪式上登场后，这种用香槟酒庆祝体育盛会的"香槟大战"又因其盛大而华丽的视觉效果而更加有名。一提到庆典，人们立刻就会想到香槟，这已经成为了一种通用于全世界的习惯。

集万千宠爱于一身的香槟

起泡葡萄酒诞生之后，很快就在欧洲宫廷中流行起来。法国国王路易十五的情人蓬皮杜夫人、爱妃玛丽·安托瓦内特等人都非常喜欢香槟。拿破仑曾经说过："香槟在打胜仗时有喝的价值，在打败仗时有喝的必要。"花花公子卡萨诺瓦也形容说："香槟是一种诱惑，是我在海内外夜宴中不可或缺的一张王牌。"这些都足以证明香槟的巨大魅力。作曲家理查德·瓦格纳也曾高度赞美香槟说："它是让我得以继续生存下去的唯一动力。"画家郁特里罗、莫奈等人也都在自己的作品中描绘过香槟。此外，玛琳·黛德丽、奥黛丽·赫本等历史上著名的女明星也都是香槟的俘虏。据说玛丽莲·梦露每晚都要进行香槟浴，其酷爱香槟的程度可见一斑。海明威、亨利·米勒等世界文豪也是一样，就连美国总统杜鲁门都曾经说过："只要有香槟相伴，死又有什么可怕。"香槟为什么会如此受到人们的青睐？我们也许可以在丘吉尔首相的话中找到答案。他说："香槟是懂得享受生活的人们每天的乐趣所在。"作家、政客、风流雅士等都对此表示赞同。

走进香槟的故乡

　　香槟诞生于法国的香槟区，并在这片土地上被培育至今。香槟区究竟是怎样的呢？下面就让我们一起来走进这片令人向往的神秘土地。

□ 香槟区

　　香槟区位于法国东北部，在巴黎向东大约150公里处，位于阿尔萨斯－洛林区的西侧，是法国最北的葡萄栽培地。2007年6月开通了从巴黎到兰斯的城际快车，45分钟就可以到达。"香槟"这个地名最早来源于拉丁语Campania，意思是"平原"。在这里，一望无际的广阔平原与错落有致的古代建筑形成了鲜明的对比，宛如画卷般美丽。香槟区作为连接意大利与比利时佛兰德省的南北交通要道、以及连接德国与西班牙的东西交通要道的交叉点而逐渐繁荣起来。广义上的香槟区由马恩省、上马恩省、奥布省和阿登省共同构成。

香槟区的风景。广布的平缓性丘陵地带，如画卷般美丽。在这里，有各种不同规模的葡萄酒酿造农户，单单欣赏那些富有个性的门牌就是一种极大的乐趣，不愧被称为是香槟的故乡。

4

□ 香槟区的土壤

香槟区的土壤是典型的白垩土石灰质土壤。这种土壤由巴黎盆地处于海底时期的牡蛎等生物残骸堆积而成，厚度达300米。白垩土极易吸热，排水性很好，且富含丰富的矿物质成分，这些都赋予了葡萄优秀的品质。在这种土壤中建造的地下酒窖如网眼般密集，总长度竟达250公里！这些酒窖能够阻断太阳光，保持温度常年稳定，这对于酿造香槟过程中的"瓶内2次发酵"以及之后的酿造有着十分重要的作用。

□ 香槟区的气候

香槟区的年平均气温大约在10℃左右，而且季节变化较大，这种气候对于葡萄的栽培很不利。不过，由于葡萄栽培者的不懈努力以及当地土壤的特殊结构，让这里产出的葡萄富含丰富的矿物质成分，因而酿造出的香槟也具有独特的口感和极高的品质。

□ 香槟区的历史

随着日耳曼民族的大迁徙，公元5世纪末，法兰克民族在法国北部建立了法兰克王国，第一代国王克洛维在兰斯接受了基督教的神圣洗礼。此后，几乎所有继位的法国国王都是在兰斯举行登基仪式。自从兰斯圣母院于13世纪末完工之后，加冕仪式就改在那里举行。其中，圣女贞德服侍勃艮第公爵七世的逸闻非常有名。在地理位置上，兰斯作为从意大利通往比利时佛兰德省的交通要道，经济和文化自然都很繁荣。由于定期开放集市，从各地聚集到这里的商人也使香槟区的葡萄酒不断地传播出去，影响日益扩大。

被誉为"白色沙丘"的白色石灰岩很引人注目。

秋天时一望无际的金色丘陵。

以香槟酿造工序为主题的彩色玻璃（兰斯圣母院）。

著名的兰斯圣母院正门入口处左侧的"微笑天使"。

5

□ 香槟区的四个葡萄酒产区

兰斯山脉
Montagne de Reims

兰斯山脉盛产优质的黑皮诺。

兰斯山脉作为黑皮诺的著名产地，是一片包括香槟区中心城市兰斯在内的丘陵地带。兰斯城市中心的三大教堂之一——兰斯圣母院还被联合国教科文组织批准为世界文化遗产。此外，兰斯还是大型酿酒商云集的代表性城市，包括伯瑞、凯歌、泰亭哲、白雪、岚颂、库克、路易王妃等许多大型酿酒商，可以说兰斯是一个充满韵味的香槟之都。

中心大教堂高约82米，从1211年到1482年，历经200多年建成。

该地区的顶级酒庄	昂博奈(Ambonnay)、韦斯尔河畔博蒙(Beaumont sur Vesle)、波齐(Bouzy)、美怡特级香槟园(Mailly)、普依旧(Puisieulx)、锡耶里(Sillery)、维兹奈(Verzeney)、维基(Vergy)、卢瓦(Louvois)

马恩河谷
Vallée de la Marne

马恩河沿岸遍布着葡萄园，优美的田园风景十分惹人注目。

马恩河谷位于埃佩尔奈以西的马恩河流域，这里栽种着大量的莫尼耶皮诺。埃佩尔奈虽然没有兰斯的华丽，但是也有诸如酩悦、宝禄爵、巴黎之花等大型酿酒商以及香槟生产行业协会的总部。此外，被誉为"香槟之父"的唐·培里侬神父居住一生的奥维莱村也位于这一地区。

在奥维莱村的修道院内，设有唐·培里侬神父的私人坟墓。

该地区的顶级酒庄	爱依(Ay)、图尔·苏尔(Tours-sur)、马恩(Marne)

白丘
Côte de Blancs

让全世界香槟爱好者垂涎三尺的优质霞多丽产地。

白丘位于埃佩尔奈以东,是酿造高品质香槟时不可或缺的霞多丽的著名产地。这里细长的丘陵斜坡朝向东面,拥有适合栽种特级葡萄及一级葡萄的得天独厚的土壤。库克公司的罗曼尼葡萄园就位于这一地区。人们尊崇的酿酒商及葡萄酒行业协会也都聚集在这里。

在白丘地区散布着许多拥有特级葡萄园的小村庄,还有关于葡萄栽培的专业教育机构。

该地区的特级葡萄园	阿维兹(Avize)、舒伊(Chouilly)、卡蒙(Cramant)、勒梅尼尔奥戈尔(Le Mesnil sur Oger)

巴尔河岸
Côte de Bar

巴尔河岸位于勃艮第的边境处,与兰斯及埃佩尔奈的风景截然不同。

巴尔河岸位于勃艮第的边境处,是品牌香槟的著名产地。虽然距离兰斯仅有200公里,距离著名的白葡萄酒产地沙布利（勃艮第地区）仅有40公里,可是,从地图上看这3个地区却会给人一种分散的感觉。这里除了拥有几家法国大革命时期就已经建立的古老酒厂之外,还有众多规模小但却品质优秀的小型酿造商。

巴尔河岸是巴黎塞纳河的发源地。

小贴士　　什么是顶级葡萄园

过去,香槟的等级是按照所使用的葡萄的买入价格来划分的,价格越高等级就越高。所以,人们将产区中的每个村子赋予了不同的等级,并用百分比来表示。顶级葡萄园为100%,一级葡萄园为90%～99%,普通葡萄园在90%以下。现在已经不再延用这种交易方式,不过,为了酿造高品质的香槟,顶级葡萄园、一级葡萄园中的葡萄仍然会以高价交易。目前,在香槟区的300多个村子中,有17个顶级葡萄园和40个一级葡萄园。

香槟的酿造原料

能够酿造香槟的葡萄只有红葡萄中的黑皮诺、莫尼耶皮诺和白葡萄中的霞多丽3种。用于酿造香槟的葡萄必须经过精心栽培及人工采摘，每1升香槟需要使用1.6千克葡萄，这样严格的规定确保了香槟的优秀品质。

□ 红葡萄

黑皮诺
Pinot Noir

拥有白葡萄汁的红葡萄，主要在兰斯山脉及巴尔河岸一带栽培。它是酿造红葡萄酒的代表品种，原产地为法国的勃艮第（特别是金丘）。黑皮诺的颜色透明且具有红宝石般的质感及独特的华丽芳香，可以酿出天鹅绒一样细腻口感的上等葡萄酒。世界第一高价的葡萄酒——罗曼尼·康帝（La Romanee Conti）就是使用这一品种酿造而成。由于香槟区位于法国葡萄栽培地的最北端，在这里生产的黑皮诺单宁较低且香气浓郁。酿造时，如果黑皮诺的比例较高，产出的香槟酒中的气体就会非常丰富。只使用黑皮诺或莫尼耶皮诺制成的香槟被称为"黑品白"，它的特点是香醇浓郁、口感厚重。

莫尼耶皮诺
Pinot Meunier

如果拥有白葡萄汁的红葡萄被栽种在马恩河谷沿岸，还可以被称为莫尼耶皮诺。这个名字源于其叶子的一层白色粉末状物质（莫尼耶皮诺在法语中的意思是面粉作坊）。这种红葡萄能够赋予香槟以质感及果香，可以提升品牌葡萄酒的质量，不过却不适宜长期酿造。与黑皮诺相比，它的香气较轻，酿造出的葡萄酒口感柔和、圆润醇厚并略带清新的花香。莫尼耶皮诺一般是作为黑皮诺和霞多丽的辅助品种使用，因此总是被忽视。最近，人们发现了该品种与黑皮诺及霞多丽所不同的独特之处，并逐渐开始重点加以利用。

霞多丽
Chardonnay

白葡萄的一种,用于酿造勃艮第地区最具代表性的白葡萄酒,主要在白丘地区栽种。霞多丽生长于日照良好的石灰岩土壤中,能酿造出具有独特花香、气体丰富、口感厚重、余韵优雅的顶级优质辣味葡萄酒。香槟区也有与勃艮第沙布利地区一样的肥沃石灰质土壤,因此是栽培霞多丽的理想地区。使用在如此丰饶的土地上培育的霞多丽酿制而成的香槟被称为"极品白"。因为是白葡萄酒,所以很容易被认为口感清淡,其实,霞多丽也能酿造出口感醇厚、余韵悠长的酿造型香槟。新鲜型"极品白"具有丰富的矿物质,口感比较清爽,而陈年型"极品白"则具有蜜桃般的成熟香气及浓郁的口感。

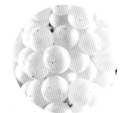

通过严格规定和精心栽培孕育出的香槟区葡萄

在《葡萄酒原产地命名管理法》(AOC法)中,对于香槟的生产地区、葡萄品种、酿造方法等内容都进行了非常详细的规定。

比如,规定酿造1升香槟必须使用1.6千克的葡萄。迄今为止,在欧洲的起泡葡萄酒中,只有香槟的酿造会大量使用葡萄,这也让人感受到了香槟在法国众多高级葡萄酒中的独到之处。

在栽培方面,AOC法对于葡萄树的剪枝和高度、插秧的间距和密度等也进行了详细的规定。香槟区在冬天经常会被白雪覆盖,偶尔也会出现初春时霜雪或冰雹袭击新芽的情况。因此,人们会在葡萄园中摆满类似于火炉的装置,或者洒水给幼苗解冻,采取各种措施在各个环节进行精心的呵护。如此精心培育出来的葡萄再经过小心翼翼的人工采摘,以及香槟区特有的"瓶内2次发酵"酿造法,最后才酿造出美味的香槟。

按照规定,用于酿造香槟的葡萄必须是人工采摘。而且,为避免采摘后的葡萄被损坏,一般需要立刻搬运到距离最近的榨汁设备中。

只保留当年长成的枝干,将其余的幼小枝干全部剪掉,这是在冬季中不能间断的经常性工作。

在冬天里,经常会出现白雪覆盖的情况。临近春天时,还可能会有霜雪袭击幼苗。因此,绝对不能疏忽大意。

香槟的酿造过程

在香槟区，只有使用"瓶内2次发酵"的方法酿造出的起泡葡萄酒才能被称为香槟。因为只有这样酿造出的葡萄酒才具有香槟独特的美味、丰富的气泡以及浓郁的芳香。

收获
Vendange

葡萄通常在每年的9月中旬到10月间收获。由于极易受损，所以必须通过人工小心翼翼地采摘，并当场除去未成熟或有损坏的果实，然后立即运到压榨地点。

通过精心且快速的人工采摘来收获葡萄。

压榨
Pressurage

将收获的葡萄压榨。主要使用香槟区特有的浅底、大型圆柱状压榨机。压榨红葡萄时，为了避免果汁沾染果皮的颜色，需要进行轻度的快速压榨。主要方法有每4000公斤葡萄压榨出2050升葡萄汁的初次压榨（用于高级香槟的原料），以及针对一级葡萄园、特级葡萄园中出产的葡萄的2次压榨和3次压榨（3次压榨禁止用于香槟的酿造）。需要指出的是，此阶段的产物仅仅是葡萄汁。在酿造玫瑰红葡萄酒时，还会用到让果汁稍微沾染上果皮颜色后再与红葡萄酒混合的特殊方法。

压榨机中榨出的果汁通过周围的木槽流进容器。

初次发酵
Fermentation alcoolique

压榨后，按照葡萄园的等级和葡萄的品种，将各种不同的果汁移入橡木桶或者不锈钢容器，然后进行若干次的沉淀以及10周左右的发酵。经过初次发酵，葡萄中的糖分会转化成酒精，从而得到白葡萄酒（基酒）。在这个阶段，果汁中的糖分几乎被消耗殆尽。所以，基酒的成分会直接决定香槟的品质。

初次发酵会按葡萄园及葡萄种类在橡木桶或不锈钢容器中进行。

4 调配
Assemblage

　　在收获葡萄后的次年2月，还需要将30～50种不同种类、不同葡萄园、不同年份的基酒按照不同的要求进行调配。调配的方法和比例会因酿酒商的不同而有所差异，当然，这也是他们珍藏的配方秘笈。调配是决定香槟品味的重要工序，必须由工艺娴熟的调配师谨慎进行。这样得到的葡萄酒才能够称为特酿。

调配是决定香槟品味的重要工序。

5 装瓶
Tirage

　　在调配好的葡萄酒中添加促进发酵的酵母以及含有蔗糖的利口酒，之后装瓶密封，保存在石灰岩层的地下酒窖里。在这道工序中，几乎所有的酿酒厂都不会使用软木塞，而是用普通瓶盖封瓶。

瓶盖和内盖。内盖中附着酒渣。

6 瓶内2次发酵
Deuxième Fermentation

　　在大约2个月之后，开始进行2次发酵。瓶内的酵母分解糖分，产生酒精和二氧化碳。经过这个缓慢的过程，葡萄酒独特的芳香会转化为酒香（在酿造过程中产生的香气类型多达80种），普通的葡萄酒也就随之转化为带有独特气泡的香槟酒。

发挥作用后的酵母残骸。透过瓶子可以看到其中的酒渣堆积。

7 与酒渣共同酿造
Vieillissement sur lie

　　通过与酒渣的共同酿造，依靠酵母分解作用产生的氨基酸会慢慢回到葡萄酒中。回收比例为2年70%、6年100%。按照规定，从装瓶之日起，不记年香槟（由不同年份的葡萄酒调配而成）需要酿造15个月以上，记年香槟（由单一年份的葡萄酒调配而成）需要酿造3～5年，特级香槟需要酿造5～7年。酿造的时间越长，香气越丰富，口感越厚重，二氧化碳也越能细腻地溶于酒液之中。

香槟区的地下酒窖是在石灰岩地层中深挖而成，全长有250多公里，年平均气温保持在10℃左右。

8 倒置
Mise sur pointe

将瓶口朝下，排列在倒V字形的专用酒渣沉积台上。瓶口朝下的目的是为了让酒渣沉积，便于除渣工序更顺利地进行。

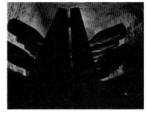

将瓶口放置在倒V字形木架上，让酒渣在瓶口堆积。

9 摇瓶
Remuage

为了让瓶中的酒渣全部堆积在瓶口，需要将放在酒渣沉积台上的酒瓶每天旋转1/8圈，同时保持瓶子的倾斜。这个工序重复5~6周后，瓶内的酒渣就会全部堆积在瓶口。最近，大多数酿酒厂都开始使用一种被称为回转台的电控系统来摇瓶，人工摇瓶法已经渐渐被淘汰。

娴熟的摇瓶师每天可以摇瓶3万多个。

10 除渣
Dégorgement

在瓶口涂上-20℃的氯化钙水溶液，然后打开瓶塞，这样，堆积的酒渣沉淀就会依靠内部压力喷出瓶口。过去，普遍认为除渣后不用酿造就可以直接饮用，但现在人们似乎更喜欢除渣后继续酿造的做法。

除渣工序有些难度，必须逐瓶进行，而且伴有一定的危险。

11 添加利口酒
Dosage

在2次发酵中，糖分被完全分解，所以要通过添加利口酒的方法为香槟的基酒增加糖分。根据加糖量，可以将香槟分为6种类型（如右图所示），并标注在酒标上。有时，在完全不添加利口酒的香槟酒瓶上还可以见到"Brut Zero"、"Brut 100%"、"Brut Non Dose"等意思为"无糖"的标识。

▼Extra Brut 绝干 0-6g/l
▼Brut 天然6-15g/l
▼Extra Sec超干 12-20g/l
▼Sec干 17-35g/l
▼Demi Sec 半干33-50g/l
▼Doux甜 50g以上/l

12 装瓶
Bouchage

瓶口嵌入软木塞，并用耐压的钢丝固定。与普通葡萄酒不同，香槟的软木塞为蘑菇状，这样能够抵挡住内部的气压，保证瓶内的气体不外漏。用于香槟的软木塞有3层结构，装瓶之前是圆柱形。

13 贴酒标
Habillage

贴上酒标后即可发货上市。

从图中可以看出木塞的3层构造。装瓶前的软木塞为圆柱形。

☞ **香槟酒标的识别方法**　　除了以下标注的内容之外，有时还会在酒标上标注商标名（唐·培里侬）、年份、香槟的种类等。

酿造产地名称

香槟区法定产区统一名称
当为香槟时只标注CHAMPAGNE

容量

口味
BRUT (天然)
SEC(干)
DEMI SEC（半干）等

生产注册编号
NM（买进部分或全部葡萄来酿造。多为大型生产商）
RM（用自己公司葡萄园的葡萄来酿造。多为小型生产者）
CM（生产者联合协会）

酿造商名称

酒精度数

13

香槟以外的起泡葡萄酒

如今，几乎所有的葡萄酒产区都可以酿造起泡葡萄酒。起泡葡萄酒独特的口感帮助它赢得了许多人的欢迎。起泡葡萄酒的酿造方法、原料种类多种多样，让我们一起去了解它们的特征，并寻找自己钟爱的类型吧！

☐ 起泡葡萄酒的酿造方法

起泡葡萄酒的英文是Sparkling wine，它一般需要在3个大气压以上的压力中酿造，具体的酿造方法有香槟区传统酿造法、立体密闭法、移转法、一次酿造法、二氧化碳注入法等。香槟区传统酿造法即前面提到的香槟区酿造法。首先像普通葡萄酒一样酿造，之后再进行瓶内2次发酵。瓶内2次发酵和之后的瓶内酿造会产生大量的细腻气泡，这就是起泡葡萄酒。西班牙的卡瓦、德国的塞克多、意大利的斯卜曼笛等都是通过这种方法酿造而成。

需要注意的是，立体密闭酿造法的2次发酵并不是在瓶内而是在大型的密封耐压容器中进行。使用这种方式，可以实现单次的大量生产。与香槟区酿造法相比，生产的时间更短，产量也更大，从而降低了成本。因为在酿造过程中不接触空气，这种方法最适合酿造新鲜的水果香型起泡葡萄酒，很多塞克多和斯卜曼笛都是通过这种方法制成的。

移转酿造法是先将含有瓶内2次发酵产生的碳酸气体的葡萄酒移入加压的容器中冷却，待除去沉淀后再重新装瓶。这种方式简化了香槟区酿造法中的"摇瓶"和"除渣"两道工序。

一次酿造法是在发酵的过程中装瓶，让后面的发酵在瓶内进行。二氧化碳注入法，顾名思义，就是在普通葡萄酒中注入二氧化碳的酿造方法。

用于酿造起泡葡萄酒的葡萄种类

除了用于酿造香槟的黑皮诺、莫尼耶皮诺、霞多丽3个主要品种之外，还有以下一些具有代表性且受人喜爱的葡萄品种。

白葡萄

白苏维翁

法国波尔多地区、卢瓦尔地区的白葡萄代表品种。具有清爽的酸味和新鲜的口感，用橡木桶酿造后香醇厚重。香气中含有青草、柑橘、香草等清爽的气味。在加利福尼亚、智利和新西兰等温暖气候下生长的该品种还会有蜜桃、菠萝、芒果的香甜气味。

雷司令

德国白葡萄的代表品种。在法国的阿尔萨斯地区也有大量栽培。具有新鲜、清爽的果味和稳定的酸味，酿造后味道更加丰富。根据不同的产地和酿造方法，可以制成多种类型的葡萄酒。最近，美国加利福尼亚以及澳大利亚等地区也开始盛行该品种的栽培。

红葡萄

赤霞珠

法国波尔多地区的红葡萄代表品种。单宁强烈，能够酿造出口味醇厚的葡萄酒。随着年份增长，其颜色和口感也更突显优雅。具有丰富的酸性物质和果香，拥有栗树、杉木、青椒等的气味。环境适应能力很强，在世界各地都有栽培，可以用于酿造玫瑰香槟和气泡红葡萄酒。

西拉

希哈是近年来在世界各地都越来越受欢迎的红葡萄种类。代表产地有法国的罗纳河谷以及澳大利亚等地区。单宁较多，能够酿造出气泡丰富的紫红色葡萄酒，而且很适合酿造。在澳大利亚被称为设拉子，赢得了众多葡萄酒爱好者的喜爱。可以用于酿造玫瑰香槟和红葡萄酒。

起泡葡萄酒（包括香槟在内）在不同的国家有不同的叫法，以下列举一些各国起泡葡萄酒的代表种类。记住这些，您就能达到一个比较专业的水平，比如一提到卡瓦酒，就知道它是产于西班牙并用香槟区酿造法酿造而成的。

法国

※葡萄气酒（Vin Mousseux）
除香槟以外的法国起泡葡萄酒的总称。酿造时的瓶内气压为5～6个大气压。Vin Mousseux在法语中是"起泡葡萄酒的味道"的意思。

※起泡酒（Cremant）
在勃艮第、阿尔萨斯地区用香槟区酿造法酿成的起泡葡萄酒，瓶内气压需要在3.5个大气压左右。

※弱起泡酒（Petillant）
弱气泡型葡萄酒，瓶内气压在2.5个大气压以下。

德国

※塞克多（Sekt）
德国产的高级起泡葡萄酒。酿造时的瓶内气压需要在3.5个大气压以上。大多采用立体密闭酿造法，不过在某些地区也会用到香槟区酿造法。

※起泡酒（Schaumwein）
德国产的起泡葡萄酒，与塞克多相比，价格要便宜一些。瓶内气压需要在3.5个大气压以上。

※珍珠酒（Perlwein）
弱气泡型的塞克多。瓶内气压在2.5个大气压以下。

西班牙

※卡瓦（Cava）
以加泰罗尼亚为酿造中心的西班牙产起泡葡萄酒的总称，是一种用香槟区酿造法制成的高级酒类。

※起泡酒（Espumoso）
用香槟区酿造法以外的方法制成的西班牙起泡葡萄酒。

意大利

※斯卜曼笛(Spumante)
意大利产的起泡葡萄酒的总称。大多采用立体密闭酿造法，不过在某些地区也会用到香槟区酿造法。

※起泡酒（Frizzante）
弱气泡型的斯卜曼笛。

□ 起泡葡萄酒的甜度参考指标

	残留糖分	香槟	斯卜曼笛	塞克多
不甜 ↑	不含糖	不含糖	不含糖	
	0～6g/l	绝干	绝干	绝干
	6～15g/l	天然	天然	天然
	12～20g/l	超干	超干	超干
	17～35g/l	干	干	干
	33～50g/l	半干	半干	半干
甜	50g/l以上	甜	甜	甜

※图中数据仅供参考，并非完全对应。

用五感品味香槟

或许很多人都这样认为，香槟就是一种酒，只管尽情饮用，陶醉其中即可。这种观点没有错误，不过，如果充分利用我们的五官去品味香槟，就能得到更深层次的享受，你对香槟的了解也将会更加深入。那么，我们究竟该如何去品味香槟呢？

视觉

视觉对品味香槟至关重要，它能让您回想起那些美妙的品尝过程。在缤纷的灯光下欣赏细腻的气泡，让人找到一种梦幻般的感觉。

气泡

最能展现香槟特点的就是它的气泡。在香槟的酿造过程中，添加了促进发酵的利口酒（属于葡萄酒的一种，是蔗糖与酵母的混合液体），产生了酒精和二氧化碳，之后二氧化碳再次融入酒中，产生气泡。与其他葡萄酒相比，香槟的气泡细腻而美丽，这是由于长期在保持低温的地下酒窖中充分酿造的结果。气泡从杯底不断向上升腾，在缤纷的灯光或烛光下欣赏这种美景会更加地令人陶醉。而且，升腾的气泡还会在玻璃杯四周形成一个圆圈，人们给它起了一个非常浪漫的名字，叫做"珍珠项链"。

在玻璃杯四周出现的"珍珠项链"。

颜色

虽然有"黄金香槟"的说法，但实际上，香槟的颜色、质感都是多种多样的。一般说来，新鲜型香槟为浅黄金色，陈年型香槟为深黄金色。下面就让我们来慢慢欣赏香槟那诱人的颜色吧。

虽然有"香槟色"的说法，其实，香槟的颜色是多种多样的。

| 淡粉色 | 橙红色 | 金灰色 | 金绿色 | 金棕色 | 金黄色 | 古铜色 |

嗅觉	香槟的香味会根据酿造时间的不同而有所差异。这些独特的香味与菜肴搭配在一起,更显得十分完美。

酿造时间不同所引起的香槟味道的变化

与酒渣共同酿造的时间:2～3年	
香味	清澈新鲜的香味。主要是白色花朵、柑橘、红色系或白色系的水果、面包、酵母、矿物质等香味
香槟类型	清新、简单、爽口的香槟。主要是不记年香槟或极品白等清淡类型
适宜场合	最适合在春夏季节饮用,作为缓解口渴、增加食欲的餐前酒
玫瑰红酒的情况	酿造后的颜色会与白葡萄酒接近,为浅色

与酒渣共同酿造的时间:3～4年或6～8年	
香味	温和柔润的香味,扩散性较强。只要是黄色系的水果、干果、浆果、果酱、腌制品、酒精处理的食品等香味,比水果的香味更复杂、更强烈
香槟类型	浓缩、口感复杂的香槟。主要是记年香槟或品牌香槟等类型
适宜场合	进餐的中间段至后半段
玫瑰红酒的情况	酿造后为深红色,水果香型

干果

与酒渣共同酿造的时间:6～8年以上	
香味	经过长期的酿造,香味的深度已经达到极致。主要是成熟水果、腌制品、枯叶、焦味、咖喱味、蜂蜜等香气。香槟中的酵母逐渐变成类似姜一样的香味
香槟类型	陈年型记年香槟、特酿等稀有的类型
适宜场合	在进餐的后半段与主食或奶酪搭配,也可以作为餐后酒
玫瑰红酒的情况	具有成熟的口感和强烈的酒劲

蜂蜜

如果说"倾听声音"也算品酒，可能有人会觉得不可思议。不过，只要您真的俯耳去倾听，就会明白其中的含义。

开启瓶塞的声音

在瓶塞开启的一瞬间，"砰！"的声音总是会让人感觉很舒服，这也是香槟的魅力所在。在大型活动或聚会的场合，把一段华丽的软木塞飞出的表演作为助兴也许很好，但是在饭桌上最好不要这样。软木塞飞出可能会打到人或者灯具，而且香槟也会喷出来，因此最好还是要轻轻开启。此外，二氧化碳溢出时会发出"咻"的轻微声音，有人把这种美妙的感觉称为"淑女的叹息"或"天使的叹息"。

开启瞬间"咻"的声音让人心潮澎湃。

气泡弹动的声音

将耳朵贴近倒入香槟的酒杯杯壁，能听到气泡弹动的"啪喊啪喊"的声音。一定不要错过这个机会，因为它总是能够让人心潮澎湃，有人把这种倾入杯中气泡弹动的声音称为"天使在拍手"。

将香槟从瓶中倾入杯中，能够听见"天使拍手"的声音。

用舌头去感觉气泡"啪喊啪喊"的弹动感觉也是香槟带给人们的美妙感觉之一。

香槟的瓶内气压大于6个大气压就已经很高，这时就可以进行软木塞的表演，并听到"砰"的一声。细腻有力的气泡含在口中，让您有一种惊喜般的感动。由于气泡在舌尖的轻快跳动，葡萄酒的美味会毫无遗漏地留在口中。这种快感和刺激让非起泡葡萄酒甘拜下风。无论多么疲惫，只要喝口香槟就能恢复体力，这也要归功于气泡的作用。这种气泡是在瓶内2次发酵时产生的天然二氧化碳。因此，与普通葡萄酒相比，香槟还具有防腐剂含量更少的优点。

气泡在口中轻快弹跳，将美味传到了口腔的每个角落。

| 味觉 | 如果用味觉掌握了香槟的种类和特征，选择香槟时就会减少许多失误和遗憾。 |

甜度

在"香槟的酿造过程"的第11步中，我们介绍了"添加利口酒"这道工序，它的目的就是为了补充除渣过程中损失的糖分。因此，添加的利口酒会决定香槟的甜度。起初，香槟仅作为甜品葡萄酒饮用，不过，在香槟的主要消费国家由俄罗斯变为英国之后，香槟的口感也逐渐转向辛辣。伯瑞香槟酒庄在推出的辣味干香槟"伯瑞夫人"（伯瑞自然风香槟，伯瑞皇家香槟的始祖）之后便立刻风靡全球，受到各国人民的喜爱。现在，与任何菜肴都可以搭配在一起的辣味天然干香槟也早已经成为了主流。此外，如果与饭后甜点搭配，辣味干香槟的美味还会让人有扔掉甜葡萄酒的冲动。能够根据场合和心情进行选择的香槟，可以称得上是一种万能酒。

※甜度请参照P15。

类型

从口感方面来说，香槟的生产者把香槟大致分为4种类型。本书P40后介绍的内容中都使用了这一分类。因此，掌握以下各种类型的特征对于品味香槟非常有用。

浓烈型（Les Champagnes de Corps）

酒色一般为金黄色，口感厚重、浓烈。在不记年型香槟中，使用黑皮诺酿造的比重较大，味道香醇浓郁。

清淡型（Les Champagnes de cur）

酒色为青黄色，口感柔和清淡，散发着植物或者柑橘的香气。在不记年型极品白中，使用霞多丽酿造的比重较大，味道清新爽口。

醇厚型（Les Champagnes d'esprit）

口感温润醇厚。具有法式面包、肉桂、蜂蜜的香味，在玫瑰香槟和半干葡萄酒中比较常见。

细腻型（Les Champagnes d'ame）

酒色呈深金黄色。口感成熟、丰富，带有高贵细腻的香料味道。气泡极其细腻，在名牌香槟中比较常见。

香槟的历史

回顾香槟的历史，离不开罗马人的巨大影响。支配这片土地的罗马人很早就开始了葡萄的栽培和葡萄酒的酿造，并不断地挖掘石灰岩建造城市。由最初的葡萄酒酿造到现在的香槟酿造，已经成为文化遗产的地下酒窖，见证了整个发展过程。

香槟的发展历程

法国香槟区位于欧洲东西南北的交通要道，从12、13世纪开始，这里就形成了定期的集市。英国的毛纺织品和丝织品、德国南部的麻布、俄罗斯及西班牙的皮革、亚洲的香料等都在这里进行交易，香槟区的葡萄酒（当时是非气泡红葡萄酒）也是通过这个集市上的流通才逐渐广为人知。

自从法国第一位国王克洛维在兰斯举行加冕仪式以来，香槟区就与法国王室结下不解之缘。特别是波旁王朝的第一位国王亨利四世，在爱依村拥有专用的葡萄园，并深深地倾倒于这里的红葡萄酒。有了这样的后盾，香槟区的影响力与日俱增，甚至与当时赫赫有名的勃艮第葡萄酒不相上下。

由于被路易十四选中，香槟区超越了勃艮第，坐上了葡萄酒领域第一把交椅，香槟区的葡萄酒也迎来了重大的转折期。而比路易十四晚出生一年的唐·培里侬则打下了现代香槟的基础。很多人认为是唐·培里侬发明了香槟，但据史册记载，在唐·培里侬担任圣维旺·德·维吉修道院的酒库管理员之前，在伦敦就已经出现了起泡葡萄酒。不过，唐·培里侬提出了把不同葡萄园、不同年份和品种的葡萄酒混合的想法，并发明了把浸油的麻布瓶塞换成软木塞以及使用玻璃瓶来提高封闭性等做法，为香槟的酿造做出了巨大的贡献。在培里侬煞费苦心打下的基础上，香槟酿造水平不断提升，在18世纪初期就已酿造出接近于现代水平的香槟。

香槟在法国宫廷宴会上出现之后，其华

葡萄酒酿造被作为古代纺织品的主题图案，说明自古以来葡萄酒酿造就十分盛行。

描绘古代香槟酿造现场的图片。

古代香槟的酒标。

用于酿造香槟的工具。

20

丽的气泡瞬间就博得了上下一致的好评。从这时候起，经营香槟出口生意的酒商也开始陆续出现，第一家是汉纳特，第二家是酩悦（拥有蓬皮杜侯爵夫人的订单记录），第三家是岚颂……这些至今仍赫赫有名的酿酒厂接二连三地建立起来，香槟的对外出口贸易也随之蓬勃发展。

进入19世纪后，产业革命的浪潮也席卷了香槟酿造业，技术革新不断涌现。以前，装瓶后的补糖工序仅凭感觉，因糖分过量而导致酒瓶内二氧化碳过多甚至破裂的情况经常发生，所以装瓶者进入酒窖时必须戴上防护工具。测定糖分的比重仪发明之后，不仅降低了危险，而且使生产逐渐稳定。此外，自从凯歌夫人研制了"除渣"的方法后，过去因酒渣而浑浊的香槟也变得澄清了。

在这个时代，伴随着酷爱香槟的拿破仑的远征，香槟在欧洲各地开始传播，最后，俄罗斯成为了最大的消费地。在维也纳会议上，战败国法国曾用丰盛的法国大餐和高贵的香槟酒招待各国代表，香槟成为世界级庆祝宴会上必不可少的饮品估计就是从这个会议之后开始的。虽然经历过这样的辉煌时期，可是，在不久后，香槟就接连遭遇了19世纪后半期席卷法国全境的蚜虫病害、第一次世界大战时葡萄栽种农户的大暴动、第二次世界大战时的经济低迷等艰难的时期。在两次世界大战中，马恩河地区都是激战的区域，兰斯圣母院也遭到了破坏，修复工程一直延续到近几年，可见受害之深。

不过，随着战后世界经济的复苏，香槟酿造业随之复兴。之前这种仅属于王侯贵族的饮品逐渐进入到普通老百姓的阶层，消费量也在飞速提高。

用于酿造香槟的古老工具。

用于栽种葡萄的古老剪刀。

兰斯大教堂中以香槟酿造过程为主题的彩绘玻璃。

21

专栏

香槟的年份和种类

　　把不同葡萄品种、不同葡萄园和不同年份的葡萄酒混合而成的不记年葡萄酒是香槟的最主要类型。因此，大多数情况下香槟的酒标上都不会标注收获年份，如果酒标上标注了年份，就说明该香槟是仅用丰收年份的葡萄酿造而成的记年香槟。总体来说，香槟的类型有以下几种。

❀ 不记年香槟	大多是用不同葡萄品种、不同葡萄园和不同年份的葡萄酒基酒混酿而成，是各大酿酒商的主打香槟类型。酒标上不标注收获年份，基酒在瓶内与酒渣共同酿造的时间最低为15个月。
❀ 记年香槟	仅用丰收年份的葡萄酿造，并由单一的葡萄酒基酒精制而成。酒标上大多会有Millésimé（记年酒）的标志以及具体的收获年份。基酒在瓶内与酒渣共同酿造的时间最低为30个月。
❀ 品牌特酿	只使用顶级的葡萄酒基酒，是代表各个酿酒商最高级品质的香槟类型。大多为记年香槟，不过也有使用几种记年酒或不记年酒混酿的情况。
❀ 极品白	只用白葡萄（霞多丽）酿造的香槟。
❀ 黑品白	只用红葡萄（黑皮诺或莫尼耶皮诺）酿造的香槟。
❀ 玫瑰香槟	采用在白葡萄酒中混合红葡萄酒的调配酿造方法，只在香槟酿造方面得到了认可。具体的酿造方法有将果皮和种子一同浸入果汁、待褪去颜色后再将其去除的"出血"酿造法以及二氧化碳注入法等。

第二章

邂逅香槟

在第二章中,我们将分别介绍酿酒商与品牌香槟,并对各国的起泡葡萄酒进行严格地筛选。同时,我们还按价格范围做了分类,有经济实惠型,也有高贵经典型。希望通过我们的介绍,您可以早日与自己钟爱的那一款香槟温情邂逅。

酩悦
Moët & Chandon

酿酒厂所在地　法国马恩河谷

**为法皇拿破仑和蓬皮杜侯爵夫人所喜爱，
最能够体现香槟的历史和高贵的顶级酿酒商**

由克劳德·酩悦（Claude Moët）在1743年于埃佩尔奈建立的酩悦公司，销售额居全行业之首，因此成为了全世界最著名的香槟酿造商。

在该公司流传悠久的顾客名单上，记录着在宫廷传播香槟的功臣——法国国王路易十五的爱妃蓬皮杜侯爵夫人的名字，她每次的订购量达200瓶之多。此外，王室的成员，后来成为埃佩尔奈市长的让·莱米·酩悦（Jean-Rémy Moët），由于与拿破仑·波拿多交情甚笃，拿破仑每次奔赴战场前都要经过酩悦家用香槟润喉。该公司的标准特酿"辣味王朝"（Brut Imperial）就是以拿破仑的名字来命名的。

在该公司以人物命名的系列香槟产品中，不能不提的还有一款作为该公司最高级品牌、相当于香槟代名词的"唐·培里侬"。佩里农是香槟史上最重要的人物，他奠定了香槟酿造工艺的基础。佩里农酿造香槟时所在的圣维旺·德·维吉修道院和葡萄园也于1797年归酩悦公司所有。

酩悦展现了香槟的历史与华丽，其广受欢迎的最重要原因就在于具有让当时的皇帝和宫廷贵族倾倒的高超品质。

酩悦在香槟区最优质的葡萄栽培地白丘地区和马恩河谷地区都拥有自己的葡萄园。而且，仅用严格筛选的丰收年份的葡萄酿造，并在科学管理的酒窖中酿造至最好的品质才可以上市。现在，在该公司巨大的地下酒窖中，还静静地沉睡着全长约28公里的9600瓶顶级香槟。

酩悦香槟在拥有高品质的同时，还具备华丽的品牌形象。从历史悠久的各国王室到处于流行最前沿的时装领域，酩悦香槟都得到了众人的喜爱，因为它总是会让品尝的人充满成就感。

白色

唐·培里侬记年香槟（1999）

Dom Pérignon
Vintage 1999

细腻型

世界最有名的一款香槟。使用丰收年份最优质葡萄园的黑皮诺与霞多丽混酿，再经过7年以上的时间酿造而成。兼具醇厚与清爽两种口感的梦幻型香槟。

原产国：法国

白色

唐·培里侬艾浓泰库记年香槟(1993)

Dom Pérignon
Œnothèque
Vintage 1993

细腻型

唐·培里侬系列中的经典产品，酿造时间要比一般香槟长很多。口感醇厚圆润、新鲜清爽，倒酒时的视觉效果也非常震撼。

原产国：法国

白色

酪悦不记年王朝干白

Moët & Chandon
Brut
Impérial

清淡型

酪悦公司的代表性香槟。由霞多丽、黑皮诺和莫尼耶皮诺混酿而成，果味和酸味的平衡掌控得非常好，具有优雅的味道和醇厚的口感。瓶身的设计非常大气，很适合作为礼品。

原产国：法国

玫瑰红

酪悦不记年王朝玫瑰干红

Moët & Chandon
Brut
Impérial Rosé NV

醇厚型

具有黑皮诺的华丽果香以及野草莓的香甜味道，口感柔和，余味清爽。略带鲜红的粉色可以帮助烘托饮酒时的浪漫气氛。

原产国：法国

凯歌
Veuve Clicquot Ponsardin

酿酒厂所在地　法国兰斯

由继承亡夫遗志的凯歌夫人建立的全球性的著名酿酒厂

凯歌酿酒厂的历史很悠久，它是在1772年由经营银行起家的菲利普·克利科先生在兰斯建立。不过，嫁给菲利普先生的蓬萨丁（Ponsardin）家的千金却最终成为了酿酒厂的主人。

蓬萨丁·凯歌夫人结婚4年就成为遗孀，那时起，她就决心继承丈夫的遗志，将自己的全部精力和生命都献给香槟事业。

当时，法国大革命正如火如荼地进行，以王室贵族为主要顾客的香槟酿造业也因此受到了非常严峻的考验。

面对这种情况，凯歌夫人并没有失去信心，她决定以俄罗斯为中心，扩大海外销路。结果，到她逝世为止，该品牌香槟的销售量由最初的5万瓶提高到了300万瓶，可以说获得了巨大的成功。单凭这个数字就能够看出她是一位多么优秀的商界女性。

凯歌夫人的悉心经营也为香槟的发展创下了不可磨灭的功勋。其中，最大的功劳就是提出了除渣技法。对于之前习惯饮用酒渣混浊的香槟的人来说，凯歌酿造的透明香槟无疑会带给他们巨大的震撼。

此外，凯歌酿酒厂还面向海外出口以玫瑰香槟为主的香槟酒。玫瑰香槟的酿造方法主要有玫瑰香槟与红葡萄酒的混酿以及残留果皮两种。凯歌酒厂采用的是前者，并且一直沿用至今。

凯歌酒厂以"品质不变，追求最优"为经营理念，一直坚持品质第一的思想。他们酿造的香槟现在已畅销于全世界120多个国家。只要品尝过该公司细腻优美的"香槟贵妇"，您就会理解为什么凯歌夫人能够获得"伟大女性"的至高荣誉称号。

白色

凯歌记年香槟
（1998）

Veuve Clicquot
La Grande Dame 1998

细腻型

被誉为"香槟贵妇"的凯歌夫人献给人们的顶级特酿。由她亲自挑选克利科公司8个特级葡萄园中的优质葡萄，再采用传统酿造法精致而成。是一款将黑皮诺的厚重与霞多丽的细腻完美结合的优质香槟。

原产国：法国

白色

凯歌黄标香槟

Veuve Clicquot
Yellow Label

浓烈型

用50个不同葡萄园的葡萄基酒混酿而成。口感辛辣、强劲有力且具有果味和奶油糕点的清香，是凯歌酒厂的代表产品。适合用作餐前酒或者吃海鲜时的正餐酒。

原产国：法国

玫瑰红

凯歌记年玫瑰香槟
（2002）

Veuve Clicquot
Vintage
Rosé 2002

醇厚型

以特级葡萄园和一级葡萄园丰收年份的葡萄为主要原料，用20多种葡萄基酒混合酿造，再加入10%～15%的普通红葡萄酒。具有酿造葡萄酒的醇厚口感和丰富泡沫，适合与肉食搭配饮用。

原产国：法国

玫瑰红

凯歌玫瑰酒标香槟

Veuve Clicquot
Rose Label

醇厚型

不记年玫瑰香槟。以黑皮诺为主要材料，适当加入了霞多丽和莫尼耶皮诺。具有美丽的橙红色彩，优雅且高贵。

原产国：法国

库克

Krug

✳

酿酒厂所在地　法国兰斯

名气享誉海内外，自始至终贯彻香槟区传统酿造法
娴熟酿酒师的悉心钻研，保证了香槟品质的精益求精
名气、品质、销量均居世界前列的顶级酿酒厂

在许多法国人眼中，库克是一款只能在特殊日子饮用的香槟。在其他国家，也有一大群被称为"库克贵宾（Kru Guest）"的库克痴迷者。

库克之所以让众多人为之倾倒，最主要的原因应该就是其煞费苦心的酿造方法。把用压榨机小心翼翼榨取出来的1次榨汁放在小型橡木桶中进行首次发酵，发酵的时间为2～30年。而且，绝不使用新的橡木桶，而是将其加水并存放1年后才开始使用。2次发酵后在瓶内存放的时间也至少要在6年以上才可以投放市场。包括摇瓶工序在内，整个生产过程都由手艺娴熟的酿酒师进行手工操作。这种传统的酿造方法自1843年该酒厂创办以来就从未改变过，而且会世代恪守下去。

作为原材料的葡萄有40%来自于该酒厂自己的葡萄园，比如克鲁格·美尼尔葡萄园（Clos du Mesnil），即使在特级葡萄园中，它也属于品质最高的一个，它是香槟区仅有的两个拥有独立名字的葡萄园之一。因为年产量仅有9000～17000瓶，所以库克香槟的价格很昂贵。不过，其超乎寻常的口感也总是会让人感到物有所值。作为香槟爱好者，一定要品尝一下这款高品质的库克香槟。

白色

库克不记年顶级特酿

Krug
Grande Cuvée NV

细腻型

由50多种不同丰收年份的葡萄基酒酿造而成。其口感经过世代的改良已经达到了顶峰，是当之无愧的"香槟帝王"。品质极高，余韵悠长。

原产国：法国

岚颂
Lanson

酿酒厂所在地　法国兰斯

酒厂的历史与规模均在香槟界处于顶级水平
在引进现代设备的同时仍坚持传统酿造法

岚颂在香槟酿酒商元老中位居第3（最古老的是汉纳特，排在第2位的是酩悦），由于创始人德拉梦家族没有继承者，因此只能将其事业转给精通香槟酿造的岚颂，并在1837年正式更名。所以，岚颂香槟的瓶颈酒标和软木塞上的十字标志就起源于之前德拉梦家族拥有的马耳他骑兵团。

虽然具有如此悠久的历史，不过，如今的岚颂酒厂却完全采用了现代化的生产管理模式。生产设备十分先进，但是，重要的工序仍然需要依靠人工来确认。为了防止工人们因眼睛疲劳而出现失误，每30分钟就需要换岗1次。总而言之，在整个酿造过程中，工人仍然在担任着最重要的角色。

岚颂酒厂还有一个特点，那就是拒绝近年来非常流行的苹果酸-乳酸发酵法（让强烈的苹果酸转化为柔和的乳酸），一直坚持香槟区的传统酿造工艺。其经典产品"黑标"的强烈酒劲和优雅口感一定会让你真切地感受到传统香槟的魅力。

白色

岚颂黑标不记年香槟

Lanson
Black Label Brut
Non-Vintage

细腻型

为了不破坏葡萄的新鲜感觉，岚颂香槟没有采用苹果酸-乳酸发酵法，而是恪守了传统的香槟区酿造法。这款标准特酿的特点是酒劲强烈、酸味十足、清新爽口。

原产国：法国

泰亭哲
Taittinger

酿酒厂所在地　法国兰斯

兼备了对于传统的执著恪守和对于时代的敏锐洞察
作为法国总统的御用香槟而成为国内外顾客所信赖的家族式酿酒厂

位于香槟区的泰亭哲酒厂是一家以家族名字命名的很少见的家族式香槟酿酒厂。其产品被用于法国总统亲自主持的各种招待会，在法国家喻户晓。而且，其产品还有2/3出口国外，是世界著名的顶级品牌。

该公司最杰出的产品泰亭哲香槟诞生于1957年。前总经理泰亭哲敏锐地观察到了人们生活方式的改变以及对于优雅舒适的追求，于是，在他的提案下，开始了这款香槟的研制。

100%使用霞多丽并且只使用特级葡萄园的葡萄，这种做法在今天或许并不稀奇，不过，通过特殊酿造方法所得到的厚重口感在当时却非常标新立异，曾在香槟界引起巨大的轰动。

泰亭哲香槟只采用舒伊（Chouilly）、卡蒙（Cramant）、勒梅尼尔奥戈尔（Mesnil-sur-Oger）等白丘地区著名的霞多丽特级葡萄园中的葡萄为原材料，这也表现出了泰亭哲公司对于极致优雅的追求。

白色

泰亭哲天然特酿

Taittinger
Brut Reserve

清淡型

用40多种不同葡萄园、不同采摘年份的霞多丽和黑皮诺混酿而成的标准特酿。在继承了该公司的优雅风格之余，其稳定的品质和温和的口感也为全世界所青睐。

原产国：法国

路易王妃

Louis Roederer

酿酒厂所在地　法国兰斯

孕育出世界最古老的水晶特酿香槟
延续了200多年的家族式管理，一直以卓越的品质为最高追求目标

　　1776年，兰斯的杜布瓦（Dubois）酒厂被深爱酿酒事业的路易王妃所继承，并于1833年正式更名。之后，路易王妃公司持续了200多年的家族式管理，并一直以卓越的品质为最高追求目标。

　　该公司规定，用于补糖的利口酒也要5～8年的酿造，通过这件事情就可以看出他们对于品质的严格控制。

　　此外，其产量的75%是用自己公司葡萄园的葡萄来酿造，如此大规模的酿酒厂在世界范围内也非常少见。

　　一提到路易王妃公司的产品，许多人都会立刻想到水晶特酿香槟。

　　这款水晶特酿香槟具有香槟中很少见的透明瓶身，在1876年的时候，它曾经是俄国沙皇亚历山大二世的御用香槟。

　　现在，许多酿酒商都把自己的水晶特酿香槟登载在产品目录的首位，其实，路易王妃公司的水晶特酿香槟才是历史最古老的一款。

白色

路易王妃特级干型香槟

Louis Roederer
Brut Premier

浓烈型

　　至少由4种记年葡萄酒混酿而成，其中至少含有10%左右的在大橡木桶中酿造过2～6年的基酒。补糖时也要使用酿造了5～8年的利口酒。清爽与细腻两种口感完美结合，达到了极致。

原产国：法国

白雪香槟

Piper-Heidsieck

✳

酿酒厂所在地　法国兰斯

**从玛丽皇后、玛丽莲·梦露到戛纳电影节
让各界名流为之倾倒的香槟酿酒商**

出生于德国的弗罗伦斯·路易·海德西克（Florens Louis Heidsieck）在迁居法国兰斯后，于1785年建立了该酿酒厂。这款优雅的香槟曾经在王室中备受好评，甚至得到了当时的玛丽皇后的宠爱。弗罗伦斯（Florens）逝世后，他的侄子们将该公司分为3家，现在的白雪香槟公司只是其中的1家。

白雪香槟是戛纳电影节的指定香槟，这也说明了它与电影的不解之缘。它是第一款在电影中露面的香槟，甚至有"电影香槟（The Movie-Champagne）"的美誉。影后玛丽莲·梦露也对它喜爱有加，它大气的红酒标比普通香槟要华丽许多。

另外，虽然苹果酸–乳酸发酵法（让强烈的苹果酸转化为柔和的乳酸）已经成为当今葡萄酒界的主流酿造方法，但白雪香槟却仍然坚持不采用。该公司经久流传下来的天然香槟在世界各国都曾屡次获奖，得到各界名流的喜爱的最重要原因也是其无与伦比的品质。

白色

白雪天然香槟

Piper-Heidsieck
Brut

浓烈型

一提到白雪香槟，就让人想起戛纳电影节时红地毯两边的大红酒标。至少2年的瓶内发酵，让它的口感醇厚优雅，且具有新鲜酸性物质的独特魅力。

原产国：法国

沙龙

Salon

酿酒厂所在地　法国白丘

香槟爱好者为自己和朋友酿造的独特香槟
独有的限定单一品种及单一年份的酿造方法

　　沙龙酒厂只酿造单一品种及单一年份的香槟，而且只有每年6万瓶的小规模产量，可是，其产品却驰名于海内外，将全世界的香槟爱好者纳为俘虏。

　　这个酒厂最初是由酷爱香槟的沙龙先生为了满足自己的兴趣而建立的，后来才慢慢地发展为专门的香槟酿造厂商。

　　沙龙香槟最大的特点就是只使用单一的霞多丽酿造极品白，并且只使用特级葡萄园中极品葡萄的1次榨汁为基酒。因为只能在优质葡萄丰收的年份里才可以进行酿造，所以很多年份都可能没有产品，这种严谨的态度和方法一直延续至今。

　　另外，按照规定，记年香槟在瓶内酿造3年后就可以销售，可是，沙龙香槟的酿造时间至少会在10年左右。

　　因此，沙龙香槟在法国的专业葡萄酒杂志上总是会得到高度的评价。虽然它的价格不低，但是却能保证你喝了之后不会后悔。自始至终的完美主义让它成为世界顶级品牌，也许唯一的缺点就是过于稀少。

白色

沙龙记年极品白
（1996）

Salon
Blanc de Blanc 1996

细腻型

　　充分开发了适合长期酿造的极品葡萄的潜力，口感醇厚柔和，丰富细腻。活跃的酸性物质使泡沫非常丰富，是一款锤炼到极致的绝妙香槟。

原产国：法国

伯瑞
Pommery

酿酒厂所在地　法国兰斯

打造现代主流的辣味香槟
继承艺术创作般的酿酒精神

　　即使在大型酿酒商云集的兰斯地区，伯瑞酒厂也依然格外引人注意。在这里能够欣赏到伊丽莎白时期的建筑、罗马时期的地下酒窖以及极具代表性的艺术风格的橡木桶，这些似乎都在向前来参观的人诉说着其辉煌的功绩。

　　伯瑞酒厂创立于1836年，后来，由于露易丝·伯瑞的加入而更名。露易丝死后，继承事业的伯瑞夫人继续扩大规模，使酒厂逐渐兴旺起来。

　　当时的香槟以甜味为主流口感，一般和甜品搭配在一起饮用。但是，当伯瑞夫人注意到辣味香槟在英国很受欢迎之后，便开始考虑辣味香槟的生产与销售。辣味香槟不仅可以作为开胃酒，还可以作为调味酒，这就让伯瑞香槟（非甜味香槟的始祖）的消费量一下子增长了3倍。

　　为香槟事业倾注满腔热情并留下巨大功绩的伯瑞夫人曾经说过这样一句话，"酿造香槟就是创造艺术"，直到现在，她的这种精神依然在伯瑞酒厂以及伯瑞香槟的所及地区发扬光大。

白色

伯瑞皇家干型香槟

Pommery
Brut
Royal

细腻型

　　伯瑞酒厂的特点是将原本为甜味的香槟制成了辣味。

　　它的口感既具有活力和清爽，又不失优雅和醇厚。

原产国：法国

小型酿酒商

个性十足的小型酿酒商

具有优秀管理品质的大型酒厂（Cru Masion）的产品无论在何时饮用都会十分可口而且口感稳定，这种对于品质的保证从来不曾让人失望。

如果您想冒险一下去品尝新的香槟类型，就可以尝试小型酿酒商（Recoltant-Manipulant，以下简称为RM）的产品。RM指只采用自己葡萄园的葡萄酿造香槟的小规模生产者，如果说Cru Masion是大企业，那么RM就是个人经营的小店。

对于只使用自己葡萄园（大多数规模都很小）的葡萄来酿酒的RM来说，土壤就是命根子。因此，他们中的许多人都积极地采用了有机栽培的方法来减少农药，因此也成就了很多个性鲜明的独特产品。

虽然品质不稳定，成本也不低，但是，在RM香槟中却极有可能会邂逅最适合你的那一款。RM香槟的产量本来就很小，再加上香槟热潮，所以许多知名的产品比如雅克·瑟洛斯等都很难买到。不过，寻找属于自己的独特香槟又何尝不是一种乐趣。

雅克·瑟洛斯本色不记年香槟

Jacques Selosse
Substance NV

雅克·瑟洛斯酒厂酿造的香槟简直就是艺术品。这款香槟以特级葡萄园阿维兹（Avize）中的霞多丽为原料，冠名以"本色"，即使在普通的日子里饮用，也能够营造出特殊的气氛。

原产国：法国
颜　色：白色
类　型：细腻型

彰显特级葡萄园质感的强劲实力派

欧歌利屋白垩土特级葡萄园黑品白

Egly-Ouliet
Egly-Ouliet
Blanc de Noirs
Grand Cru VV
《Les Crayeres》

　　欧歌利屋（Egly-Ouliet）是昂博奈地区著名的天才酿酒师。这款产品只使用白垩土壤条件下、单一品种葡萄园中、树龄在60年以上的葡萄树上采摘的黑皮诺为原料，其醇厚的质感会让每一位品尝者终身难忘。

原产国：法国
颜　色：白色
类　型：细腻型

原库克酒厂酿酒师酿出的醇厚口感

艾瑞克·罗德兹昂博奈特级葡萄园黑品白

Eric Rodez
Grand Cru
Ambonnay
Blanc De Noirs

　　这款产品由之前在库克酒厂担任主要酿酒师的艾瑞克·罗德兹（Eric Rodez）酿造，100%使用黑皮诺著名产地昂博奈的最优质葡萄酿造。口感醇厚，芳醇馥郁，余韵悠长。

原产国：法国
颜　色：白色
类　型：浓烈型

受到雅克·瑟洛斯肯定的优
秀极品白

用凯歌公司的基酒酿造而成的
高贵玫瑰香槟

伯尼尔特洛维士白中白诺德一级园香槟

Larmandier-Bernier
Terren de Vertus

　　这款极品白精选一级葡萄园中的霞多丽酿造而成，得到了世界著名香槟酿酒大师雅克·瑟洛斯的肯定。

原产国：法国
颜　色：白色
类　型：清淡型

大保罗顶级桃红起泡酒

Paul Déthune
Brut
Grand Cru Rosé

　　使用凯歌公司的基酒。其中80%以上的黑皮诺原料都来自于著名产地昂博奈的日照条件良好的东南斜坡，口感饱满，香味迷人。

原产国：法国
颜　色：玫瑰红
类　型：细腻型

小贴士

香槟类型编号

　　如果想知道香槟是不是RM类型，可以通过酒标上的字母去辨别。除了右面的四种以外，还有SR、ND、MA等。

RM
Recoltant–Manipulant
小型生产者。只使用自己葡萄园的葡萄酿造香槟，多数规模较小。

NM
Negociant Manipulant
大型酿酒商。从其他公司购买葡萄酿造香槟的个人或公司，一般规模较大。

CM
Cooperative Manipulant
生产者联合协会。使用协会会员农户的葡萄酿造，并标有统一的商标。

RC
Recoltant Cooperateur
葡萄栽种农户联合协会。从协会会员那里购买基酒，然后用自己公司的商标出售。

单一葡萄园

菲丽宝娜

菲丽宝娜歌榭园记年香槟 (1996)

Philipponnat
Clos des Goisses Brut
Monopole Millesime 1996

使用香槟区著名的单一葡萄园歌榭园中的黑皮诺和霞多丽精制而成。没有使用苹果酸–乳酸发酵法，展现出得天独厚的完美土壤品质，又被称为香槟中的罗曼尼·康帝(Romanee Conti)。

原产国：法国
颜　色：白色
类　型：细腻型

香槟的最常见类型是使用不同品种、不同年份和不同葡萄园的基酒混合酿造而成的不记年香槟。而记年香槟的独特之处就在于它对单一葡萄园的依赖。正因为有了高质量的土壤和辛勤的酿造者，才诞生了那些品质优异的香槟。在香槟区，拥有独立名字的单一葡萄园只有两个，这就是菲利普公司的"歌榭园"（Clos Des Goisses）和库克公司的"克鲁格·美尼尔园"（Clos du Mesnil）两家。是不是很想感受一下他们优质肥沃的土壤呢？

菲丽宝娜公司的"歌榭园"（Clos Des Goisses）。它具有和400公里以外的勃艮第相匹敌的优质土壤条件。

库克克鲁格·美尼尔园记年香槟（1996）

Krug
Clos du Mesnil 1996

使用克鲁格·美尼尔葡萄园中的葡萄酿造的记年香槟，是用单一葡萄园的单一年份基酒制成的最高级特酿。不仅是香槟爱好者，就连葡萄酒爱好者也对这款产品非常憧憬。

原产国：法国
颜　色：白色
类　型：细腻型

沙龙帝皇圣希莱尔记年香槟（1996）

Billecart-Salmon
Le Clos
Saint-HiLaire 1996

只采用在无以伦比的白垩质土壤上生长的黑皮诺为原料。为了真实地展现其卓越的口感，一律不采用补糖工序。严格控制基酒的收获年份，年产量仅为3500～7500瓶，是一款近乎完美的个性派香槟。

原产国：法国
颜　色：白色
类　型：细腻型

乌屋·福路尼 – 克鲁格·巴黎圣母院一级园极品白

Vve Fourny
Vve Fourny Blanc de Blancs Brut "Clos Notre Dame" Premier Cru

仅选用原兰斯圣母院所有的克鲁格·巴黎圣母院葡萄园（Clos Notre Dam）的霞多丽酿造。正因为有了优质的土壤和精心的酿酒师，才酿造出这款单一原材料的极品白。

原产国：法国
颜　色：白色
类　型：醇厚型

值得一生品味的香槟

　　这里集中了著名的大型酿酒厂和优秀的小型酿酒商，从传统品牌到让香槟痴迷者垂涎三尺的稀有产品，值得我们用一生去品味。相信在这些经过严格挑选的香槟和起泡葡萄酒中，一定有一款能够叩响您的心扉。

葡萄品种 (Cepage)

能够酿造香槟的原料仅有白葡萄中的霞多丽、红葡萄品种中的黑皮诺和莫尼耶皮诺3种。

葡萄园(Cru)

有特级葡萄园和一级葡萄园之分，曾经作为葡萄交易价格的标准。

苹果酸－乳酸发酵法(Malolactic Fermentation)

也称为MLF发酵法，是在初次发酵后进行的2次发酵，将强烈的苹果酸转化为柔和的乳酸并释放出二氧化碳。这种方法可以让口感变得更加醇厚。

补糖(Dosage)

在除渣后添加含糖的利口酒的工序。通过补糖决定香槟的甜度，也有完全不补糖的情况。

调配(Assemblage)

将不同种类、不同葡萄园和不同年份的葡萄酒基酒混合酿造，是决定产品风格的最重要工序。调配后的产品被称为不记年香槟。

记年葡萄酒 (Millésimé)

香槟基本上是混合酒，不过也有很多商家使用丰收年优质的单一品种精心酿造，这就是记年葡萄酒。

香槟区传统酿造法(Methode trditionnell)

起泡葡萄酒的最原始酿造方法，将香槟进行瓶内2次发酵。又被称为香槟区酿造法。

原产地(Terre)

在葡萄酒酿造方面，原产地并不仅仅是指国家和地区，还可以包括土壤、地形、气候等与葡萄园环境相关的因素。

颜色

依次表示白色、玫瑰红和红色（同样适用于起泡葡萄酒）。

白色
玫瑰红
红色

白色

原产地

用原产地所属国家的国旗表示。

商品名（中文）

一般按照原文进行音译。

商品名（原文）

保留进口时的商标原貌。

香槟的种类

香槟的种类划分详见P19。

简介

关于酿酒商或产品特征等内容的介绍。

瓶身照片

可以看到商标、年份等的信息。

产地

原产地信息

慕达天然极品特酿

Moutard
Brut
Grande Cuvee

浓烈型

　　100%使用黑皮诺为原料酿造的黑品白。最低需要经过3年的酿造才能够出厂。香气浓郁、矿物质丰富、口感香甜。品质完美，价格合理。

原产国：法国

41

实惠型香槟

想一想香槟耗费精力的酿造工序以及AOC法的严格规
定，就可以理解为什么它的价格如此之高。不过，也有实惠
型的香槟，最适合与亲朋好友共同饮用。

博蒙德斯·克雷若斯不记年极品特酿

Beaumont des
Crayeres
Grande Reserve   NV

浓烈型

　　博蒙德斯·克雷若斯是一个由240位成员组成的生产者协会。由于成员基本上都是小规模的经营者，所以对于先进设备和有机栽培等问题就更加重视。这款产品仅使用葡萄的1次榨汁为原料，以保证最好的口感和最低的成本。

原产国:法国

诺米尼·路纳德天然香槟

Nomine-Renard
Brut

清淡型

　　这是一款高品质的RM香槟。除了具有新鲜细腻的气泡，还特别添加了榛子和杏仁的香气。质感强烈，余味悠远。

原产国:法国

慕达天然顶级特酿

Moutard
Brut
Grande Cuvee

浓烈型

　　慕达是一个始终坚持品质至上的生产厂家。这款产品也是100%使用黑皮诺酿造的黑品白，最短也要酿造3年才能出窖。它的特点是香气浓郁、矿物质丰富、口感清爽，而且品质完美、价格合理。

原产国:法国

玫瑰红

丽歌菲雅桃红天然香槟

Nicolas Feuillatte
Brut Rose NV

醇厚型

　　丽歌菲雅是香槟区最大的联合行会，在20世纪70年代由丽歌菲雅公司建立，现在已经发展成为世界前5名、法国第1位。这款产品具有独特的酸味与果味的平衡口感，而且香气清新、口感润滑。

原产国:法国

白色

布克精选香槟

J.M.Gobillard&Fils
Tradition Brut

浓烈型

　　这款酒的厂家一直坚持传统的家族式经营，并且在唐·培里侬曾经待过的圣维旺·德·维吉修道院拥有自己的酒窖，所以它的酒标也是享有盛誉的唐·培里侬的画像。口感芳香醇厚，果味丰富。

原产国:法国

白色

米歇尔·果奈—马奎斯·德萨德天然特酿

Michel Gonet
Marquis de Sade
Brut Réserve

浓烈型

　　马奎斯·德萨德侯爵（Marquis de Sade）的后代为了纪念他诞辰250周年，与著名的小型酿酒商米歇尔·果奈（Michel Gonet）共同开发酿造了这款产品，并于1988年开始面世销售。这款产品具有清爽的酸味和饱满的气泡，饮用后让人印象深刻。

原产国:法国

卡提菲天然香槟

Cattier Brut

浓烈型

　　卡提菲是一家成立于1763年的家族式酿酒厂。该酒厂只使用一级葡萄园的葡萄精心酿造，所以还曾经被选作英国一流酒店的专用香槟，可见其过人的品质。口感清爽、平衡度好，而且可以和各种菜肴搭配。

原产国:法国

克里斯丁·赛纳天然香槟

Cristian Senez
Cristian Senez
Brut

浓烈型

　　该酿酒厂的主人赛纳（Senez）总是要亲自去监督从采摘到装瓶的所有工序，以保证酿造出让人信赖的产品。这款产品的原料是50%的霞多丽与50%的黑皮诺，口感非常好。

原产国:法国

艾路维·凯娜露德特级葡萄园天然酿造

Hervy-Quenardel
Brut Reserve
Grand Cru

浓烈型

　　艾路维·凯娜露德酒厂（Hervy-Quenardel）的年产量仅有3万瓶，即使在法国国内也很难买到。这款产品用多种记年葡萄酒混酿而成，口感醇厚，回味悠远。

原产国:法国

白色

卡纳尔·迪谢纳天然香槟

Canard-Duchêne
Brut

浓烈型

　　该酿酒厂是以夫妻俩的名字来命名的，丈夫是橡木桶匠，妻子是葡萄栽培农户家的女儿。他们的产品还曾经作为向俄国沙皇尼古拉二世的献礼。所有产品都必须经过3年以上的酿造才能出售，口感醇厚、香气清爽。

原产国:法国

白色

德乐梦天然香槟

Delamotte
Brut

清淡型

　　自从1769年该酿酒厂建立以来，就非常重视霞多丽的酿造前途，并将厂址迁到赫赫有名的勒梅尼尔奥戈尔（Le Mesnil sur Oger）。这款产品由3种不记年葡萄酒混酿而成，霞多丽比例高达50%，酒体透明，口感优雅。

原产国:法国

白色

德·韦诺日天然特酿

de Venoge
Cordon Bleu
Brut Select

清淡型

　　德·韦诺日酒厂建立于1837年，它的代表品牌就是这款同名的产品。这款香槟仅使用葡萄的1次榨汁，并经过了3年的酿造。口感轻爽柔和，适用于各种场合。

原产国:法国

白色

阿德奇天然特酿

Arnaud de Cheurlin
Brut Reserve

浓烈型

　　阿德奇（Arnaud de Cheurlin）是RM香槟的先驱者。它具有独特的以草莓为基调的香味，并将巴尔河岸的黑皮诺的味道恰当地融入其中，性价比极高。

原产国:法国

白色

贝瑞格·佩特奥斯天然香槟

Bernard Pertois
Brut

清淡型

　　这是一个年产量仅有2万瓶的小型酒厂。大多数香槟都被欧洲爱好者猎取，但这款酒仅向日本出口。只使用葡萄的1次榨汁为原料，酿造时间约为4年。

原产国:法国

白色

珍莫诺天然香槟

Jeanmaire
Brut

清淡型

　　这是一家成立于1933年的后起之秀，该酒厂将传统的葡萄栽培工艺与现代化的设备巧妙地融合在一起，产品的品质高、价格适中，并获得了一致的好评。这款产品由3种葡萄混酿而成，并经过3年的酿造才能上市。它的特点是平衡度好，气泡细腻、口感优雅。

原产国:法国

卡提菲半干香槟

Cattier
Demi Sec

浓烈型

　　卡提菲是巴黎达喀尔拉力赛大力支持的名门酿酒商。使用75%的黑皮诺（Pinot）和25%的霞多丽酿造的微甜香槟，最适合在下午茶时间与甜品搭配饮用，也可以作为餐前的开胃酒。

原产国:法国

歌赛天然极品香槟

Gosse
Brut Excellence

浓烈型

　　这款香槟没有采用苹果酸–乳酸发酵法，而是使用香槟区传统酿造法。在保留葡萄原有香味的同时，能够让人感受到传统和现代的完美结合。只使用葡萄的1次榨汁为原料，始终坚持品质至上的原则。

原产国:法国

查尔斯·拉菲特天然珍藏特酿

Charles Lafitte
Brut Cuvée Spéciale

清淡型

　　这个酒厂的前身是于1834年开始香槟酿造的乔治·格雷公司（Georges Gray），它们的产品曾经在19世纪后半期作为荷兰王室与英国王室的御用香槟。其特点是浓浓的奶糖香气和余韵绵绵的细腻口感。

原产国:法国

玫瑰香槟的
酿造方法

玫瑰香槟是指酒体为玫瑰色的香槟，在女性顾客中非常受欢迎。

玫瑰香槟的酿造方法主要有两种：

①装瓶前在白葡萄酒中混入红葡萄酒的出血酿造法。在欧洲，这是区别香槟与起泡葡萄酒的主要方法。用这种方法酿造出的香槟多为淡粉色，平衡度好，口感细腻。

②在黑葡萄的果汁中加入果皮和种子，当果汁达到一定颜色和味道时再将果皮和种子取出的出血酿造法。这种方法比较耗费精力，而且判断何时把果皮和种子取出也需要精湛的技术和经验。不过，用这种方法酿造出的香槟接近红色且色调稳定，质感也很醇厚。

白色

李·布鲁恩不记年天然酿造

Le Brun Servenay
Brut Reserve N.V.

清淡型

这是一家近年来在法国、纽约、波士顿等地区都成为热门话题的小型酿酒商。它们选择了有机栽培的方式，以减少农药的残留。这款产品由60%的霞多丽和20%的黑皮诺（Pinot）混酿而成，具有苹果的香味，口感柔和，平衡度好。

原产国:法国

白色

德拉皮耶·卡特多尔天然香槟

Drappier
Carte-d'or Brut

浓烈型

这家酒厂自1808年建立以来就一直延续家族式的管理。为了防止葡萄酒最棘手的氧化问题，该酒厂采用了在榨汁机下安放发酵容器等方法使果汁保持新鲜。正是这种煞费苦心的经营，才保证了他们始终如一的品质。其产品特点是具有丰富的果味和浓郁的香气。

原产国:法国

优质型香槟

这一类型的香槟是大众消费的主导。主要是小规模酿酒
商的上等特酿，能够适应各种场合的需求。

格兰恩奈特黑品白

Grongnet
Blanc de Noirs

浓烈型

　　格兰恩奈特（Gro-ngnet）是赛萨纳丘产区（Cëte de Sézanne）首屈一指的小型酿酒商。这款产品是将不锈钢容器中用苹果酸–乳酸发酵法制成的葡萄酒和传统大型橡木桶中用苹果酸–乳酸发酵法制成的葡萄酒以1：1的比例混酿而成。口感醇厚，平衡度好。

原产国:法国

汉诺帝王干型香槟

Henriot
Brut
Souverain

清淡型

　　这款酒的名字在法语中的意思是"至高无上"。实际上，它也真实地表现了极品葡萄酒的优雅与美味。选用25个葡萄园的基酒调配而成，在一款酒中能享受到多种口感和余韵。

原产国:法国

安德烈·罗歇天然极品特酿

André Roger
Brut
Grande Rézerve

细腻型

　　这款香槟只选用爱依村（Ay）特级葡萄园的葡萄酿造。在祖先们世代守护的古老葡萄园中，一直坚持减少农药使用量的有机栽培方式。所以酿成的香槟自然具有超乎寻常的天然感觉。

原产国:法国

白色

茱丽特·拉雷蒙天然香槟

Juillet-Lallement
Brut

清淡型

　　这是一个仅拥有4公顷特级葡萄园的小型酿酒商，产品非常稀缺。由于总是供不应求，所以一律不销往国外。这款香槟在瓶内的酿造时间大约为42个月。

原产国:法国

白色

罗兰百悦天然香槟

Laurent-Perrier
Brut L-P

清淡型

　　以霞多丽为主要原料，使用从55个葡萄园中采摘的葡萄精心酿造，而且酿造的时间一般为普通香槟的2倍，所以表现出了大型酿酒商才具备的"新鲜、优雅、平衡度好"等特点。

原产国:法国

白色

格兰恩奈特极品白

Grongnet
Blanc de Blancs

清淡型

　　白丘地区的白垩质土壤与赛萨纳丘地区（Cête de Sézanne）的黏性土壤相结合，才孕育出这款矿物质丰富、酸味强劲的香槟。进行极少量的补糖，所以果味新鲜、口感清爽。

原产国:法国

玫瑰红

阿德奇天然玫瑰香槟

Arnaud de Cheurlin
Brut Rose

醇厚型

　　这款产品不是调和的红葡萄酒，而是花费许多精力酿造的玫瑰香槟。年产量仅为3000瓶，是非常少见的梦幻香槟。

原产国:法国

白色

阿雅拉无糖香槟

Ayala
Zero Dosage

浓烈型

　　阿雅拉是香槟中非常稀有的完全不补糖的著名品牌。从他们的产品中，可以尽情去享受纯正的果实香气。气泡不是很丰富，但是口感圆润醇厚、平衡度好，最适合作为餐前的开胃酒。

原产国:法国

白色

艾格拉帕特父子极品白

Agrapart et Fils
Blanc de Blancs
Les 7 Crus

清淡型

　　这个酒厂使用马车来进行耕作，并总是喜欢尝试各种实验性类型的香槟酿造。这款产品是将4个特级葡萄园和3个一级葡萄园中年份均为2003和2004的霞多丽基酒混酿而成，它的特点是具有凤梨、苹果的清香和浓厚的果味。

原产国:法国

让·维塞勒鹌鹑眼天然香槟

Jean Vesselle Brut,
Oeil de Perdrix

浓烈型

古典风格的黑品白。具有玫瑰香槟的淡粉色调，酒标上意为"鹌鹑眼"的名字也使用了相同的粉色。在法国，鹌鹑被认为是能够给人带来好运的鸟，所以这款酒最适合用于庆祝的场合或者馈赠的礼品。

原产国:法国

让·维塞勒半干香槟

Jean Vesselle
Champagne Sec

醇厚型

这款香槟也是出自于只使用自家公司葡萄园的葡萄酿酒的小型酒厂。这家酒厂一直坚持品质第一的宗旨，年产量仅有4～7万瓶。口感柔和，适合与甜食搭配饮用。

原产国:法国

亨利·比内特级葡萄园传统特酿

Henri Billiot
Grand Cru
Ambonnay
Cuvee Tradition

浓烈型

这款香槟100%使用昂博奈村(Ambonnay)特级葡萄园中葡萄为原料，年产量仅有4万瓶，所以即使在法国国内也很难大批购买。酸味浓郁，口感清爽，品尝过的人无不为之赞叹。

原产国:法国

 白色 白色  白色

德·韦诺日天然黑品白

de Venoge
Brut Blanc de Noirs

浓烈型

使用80%黑皮诺和20%莫尼耶皮诺酿造的黑品白。酒体饱满，最适合与酱鹅肝等浓味菜肴搭配饮用。酒标上的肖像是第四代女主人的丈夫。

泰悠安顶级珍藏天然香槟

Champagne Taillevent
Grande Selection Brut

浓烈型

法国巴黎的泰悠安餐厅（Ta-illevent）非常有名，这款香槟正是由它酿造。用顶级特酿的标准调配而成，口感醇厚，余味甘甜，备受好评。

塞日尔·玛蒂尔天然传统香槟

Serge Mathieu
Brut Tradition

浓烈型

这是一款酿造了48个月的黑品白。酿造者被称为是奥伯莱地区（Albury）最优秀的酿酒师，他酿造的香槟曾经在2004年世界酿酒师大赛中名列前十。

原产国:法国

原产国:法国

原产国:法国

白色

拉萨勒天然特酿

J Lassalle
Preference Brut 1erCru

浓烈型

　　这家酒厂成立于1942年，一直保持着极高的品质，曾经在《葡萄酒购买指南》（Wine Buyer Guide）杂志中被选为顶级的五星级厂商。这款产品只使用一级葡萄园的葡萄为原料，酿造时间为3～4年，是普通香槟的1倍。口感柔和，具有清爽的果味。

原产国:法国

白色

丽歌菲雅天然极品白

Nicolas Feuillatte
Brut Blanc de Blancs
Vintage

清淡型

　　"Nicolas Feuilla"这个商标是尼克拉斯·弗亚特于1970年创立的，并与其他公司在法国的埃佩尔内结成以香槟为主题的最大联盟。其特点是果香分明，酸味清爽，口感丰满又兼具爽快。最适合炎热的夏季饮用。

原产国:法国

玫瑰红

德·韦诺日玫瑰香槟

de Venoge
Rose Brut

醇厚型

　　这款玫瑰香槟是将3种葡萄基酒以完美的比例混酿而成，具有怡人的香气，最适合作为餐前的开胃酒。酒标上的贵妇人画像就是德·韦诺日家族的第四代女主人。

原产国:法国

米歇尔·果奈–马奎斯·德萨德特级园极品白

Michel Gonet
Marquis de Sade
Blanc de Blancs
Grand Cru

清淡型

　　这款香槟由马奎斯·德萨德侯爵（Marquis de Sade）的后代与果奈家族共同研制而成。赫赫有名的果奈家族使用100%特级葡萄园的霞多丽酿造极品白，品质无与伦比。

原产国:法国

弗兰克斯·赛克恩德特级园天然香槟

Francois Seconde
Grand Cru
Sillery Brut

浓烈型

　　这是一款充分体现锡耶里村（Sillery）土壤特点的RM产品。将香槟注入酒杯时瞬间升腾的柔和气泡非常美丽。矿物质丰富、果味浓郁、平衡度好、余味悠长。

原产国:法国

菲丽宝娜记年天然特酿

Philipponnat
Royale Reserve Brut
Non Vintage

浓烈型

　　这是菲丽宝娜公司的标准特酿。以黑皮诺为主要原料，由3种葡萄混酿而成。此款记年酒是经过了3年的酿造，口感香醇厚重。

原产国:法国

白色

让·拉雷蒙父子特级园天然香槟

Jean Lallement & Fils
Champagne Grand Cru
Verzenay Brut

清淡型

　　只使用著名的黑皮诺产地维兹奈特级葡萄园（Verzenay）的葡萄酿造而成。调和了80%的黑皮诺和20%的霞多丽，兼具饱满的气泡和细腻的口感，极具魅力。

原产国:法国

白色

罗伯特梦苏特特酿珍藏极品白

Robert Moncuit
Grand Cru
Le Mesnil Sur Oger
Blanc de Blancs

清淡型

　　勒梅尼尔奥戈尔（Le Mesnil Sur Oger）因酿造具有醇厚口感和丰富矿物质的香槟而赫赫有名。这款产品只使用美尼尔园的霞多丽为原料，在富含多种矿物质的同时，又充满了独特的柑桔类清爽香气。

原产国:法国

白色

勒布伦·瑟维内特酿珍藏极品白

Le Brun Servenay
Brut Selection
Blancs de Blancs

清淡型

　　由3种记年葡萄酒混酿而成，而且这3种葡萄酒均以树龄在25年以上的葡萄为原料。由于没有采用苹果酸－乳酸发酵法，所以其卓越的酸味和芬芳的香气极具吸引力，美妙的余韵绵绵悠长。

原产国:法国

白色

米·马拉尔一级园天然香槟

M.Maillart
Brut 1er Cru

浓烈型

　　从栽培到酿造，这个酒厂的主人一直坚持亲自执行。这款产品使用80%的黑皮诺和20%的霞多丽混酿而成。经过橡木桶的天然酿造，具有浓郁的果味和柔和的口感。

原产国:法国

白色

迪埃波特·瓦罗斯极品白

Diebolt-Vallois
Blanc de Blancs

清淡型

　　这是一家小规模的家族式厂商，其优秀的品质曾受到法国三星级酒店的高度赞扬。口感醇厚、气泡饱满、果味清新、绵绵悠长，最适合作为开胃酒。

原产国:法国

白色

阿雅拉天然不记年香槟

Ayala
Brut Majeur NV

浓烈型

　　这款酒的历史可以追溯到中世纪，酿酒商的规模虽然很小，但是在二战以前就一直是英国王室及西班牙王室的御用酿酒商。在这款产品中，黑皮诺占据的比例很大，而且几乎没有补糖，所以口感非常润滑。

原产国:法国

白色

白色

玫瑰红

杰妮森·巴拉旦天然香槟

Janisson-Baradon
Vendeville

清淡型

这款酒的酿酒师一直尝试在补糖工序中使用浓缩果汁，后来，终于和他在库克公司进修过的弟弟一起实现了这个心愿。心形的酒标非常可爱，最适合用于纪念日、婚礼等庆祝场合。

原产国:法国

杰妮森·巴拉旦特极天然香槟

Jannison-Baradon
Brut Sélection

清淡型

这款酒选择平均树龄在30岁左右的葡萄园进行采摘，并且100%使用葡萄的1次榨汁。虽为不记年酒，但是瓶内酿造的时间却长达30~36个月，口感圆润醇厚。

原产国:法国

卡纳尔·迪谢纳玫瑰香槟

Canard-Duchêne
Rosé

细腻型

将3种葡萄完美地调和在一起，再加入14%~16%左右的用黑皮诺酿造的红葡萄酒，然后酿造3年以上的时间才能出窖。酒体为红铜色，具有草莓般的甜美香气，口感醇厚柔滑。

原产国:法国

高赛特·巴拉特
特级园天然特酿

Gosset Brabant
Cuvee de Reserve
Brut Grand Cru

浓烈型

　　这款香槟中含有80%的黑皮诺，来自爱依村（Ay）里从中世纪起就一直非常有名的特级葡萄园，余下的霞多丽来自舒伊村（Chouilly）。在口感方面，兼具了强劲和优美两个特点，凸显出土壤的丰沃。

原产国:法国

汉诺帝王霞多丽
香槟

Henriot
Blanc Souverain
Pur Chardonnay

清淡型

　　这款特酿可以说是擅长霞多丽酿造的汉诺公司的招牌产品，具有上等霞多丽的柔滑口感和四溢香气。经过了5年之久的瓶内酿造，口感醇厚，余韵悠长。

原产国:法国

勒克莱尔
极品白

Lilbert-Fils
Blanc de Blancs

细腻型

　　这款酒虽然出自于小型酿酒商，可是却曾经被最具影响力的葡萄酒评论家罗伯特·派克给予了93分的高分。它具有独特的青柠般的爽口酸味。

原产国:法国

白色

白色

玫瑰红

宝禄爵天然不记年香槟

Pol Roger
Brut Réserve NV

清淡型

这款产品将30种不同葡萄园、不同种类和不同年份的基酒精心调配而成，并且基本上仅使用了葡萄的1次榨汁，是一直为英国王室等世界名流所青睐的标准特酿。

原产国:法国

布鲁诺不记年一级天然特酿

Bruno Paillard
N/V Brut Première Cuvée

浓烈型

这虽然是一家二战时期的后起之秀，却创造了让20世纪最优秀的品酒师都为之倾倒的高超品质。这款产品由45%的黑皮诺、33%的霞多丽和22%的莫尼耶皮诺混酿而成，仅使用葡萄的1次榨汁，平衡度极好。

原产国:法国

让·维塞勒半干玫瑰香槟

Jean Vesselle
Champagne
Demi Sec,Rosé,
Friandise

醇厚型

这是让·维塞勒（Jean Vesselle）新研制出来的半干玫瑰香槟。果味丰富，口感清爽，备受欢迎。推荐与甜点一起搭配饮用。

原产国:法国

皮埃尔·卡罗特·菲尔斯特级园天然不记年极品白

Pierre Callot et Fils
NV Blanc de Blancs
Brut Grand Cru

清淡型

　　由著名的特级葡萄园阿维兹（Avize）中的霞多丽酿成的极品白。这家酿酒厂还将其栽培葡萄的1/3提供给其他大型酒厂，在栽培方面也备受好评。

原产国:法国

嘉德特选香槟

Champagne GARDET
Selected Reserve

清淡型

　　使用从特级葡萄园和一级葡萄园中采摘的葡萄为原料，经过大橡木桶的天然酿造形成基酒，再在瓶内继续酿造3年，所以，这款记年酒的口感香醇、浑厚。

原产国:法国

宝禄爵不记年半干香槟

Pol Roger
Rich (Demi Sec) NV

醇厚型

　　这款香槟独特的甜味受到许多香槟爱好者的大力支持。口感华丽优雅，酸甜适中，适合与甜点搭配，也可以在午餐时饮用。

原产国:法国

白色

白色

玫瑰红

路易·卡斯特斯天然特选香槟

Champagne
Louis Casters
Sélection Brut

清淡型

浓烈型

这款香槟是由从17世纪开始就专注于葡萄栽培事业的路易·卡斯特斯家族（Louis Casters）酿造。以100%的马恩河谷的黑皮诺为原料，具有优雅的香气和新鲜的果味，最适合作为餐前酒。

米歇尔·多米埃天然香槟

Champagne
Michel Demière
Brut

清淡型

这是一个家族式经营的小型酿酒商。这款香槟将52%的霞多丽、48%的黑皮诺及莫尼耶皮诺完美地调和在一起，是能够与任何菜肴搭配的绝妙香槟。

伯瑞春季系列

Pommery
"Springtime"

醇厚型

伯瑞季节香槟系列的春季限量版。用60%霞多丽、25%黑皮诺和15%莫尼耶皮诺混酿而成。口感微酸、清爽，适合在春天饮用。

原产国:法国

原产国:法国

原产国:法国

伯瑞夏季系列

白色

Pommery
"Summertime"

清淡型

　　伯瑞季节香槟系列的夏季限量版。伯瑞公司首次推出100%由霞多丽酿成的极品白。清新爽口，具有优雅的果味，适合与夏季清淡的菜肴搭配饮用。

原产国:法国

伯瑞秋季系列

白色

Pommery
"Falltime"

清淡型

　　伯瑞季节香槟系列的秋季限量版。100%使用霞多丽酿造的柔和口感干白，其森林花草的香气就如同秋天真的到来了一般。

原产国:法国

伯瑞冬季系列

白色

Pommery
"Winterrtime"

浓烈型

　　伯瑞季节香槟系列的冬季限量版。只以12个上等葡萄园的葡萄为原料，具有苹果、凤梨和新鲜的无花果味道，口感浑厚、成熟，与高档菜肴搭配饮用也丝毫不会逊色。

原产国:法国

白色

白色

玫瑰红

魅力黑品白

Mailly
Blanc de Noirs

浓烈型

　　这款酒的酿酒商是迈利村的生产者联合协会。此款黑品白以特级葡萄园的黑皮诺为原料，经过4年的时间酿造而成。具有紫罗兰的香味和成熟果实的甜美口感。

慕达·迪尔卡特·多尔天然香槟

Champagne
Moutardier
Carte d'or Brut

浓烈型

　　莫尼耶皮诺一般被认为是酿酒的辅助品种，不过，这款产品中莫尼耶皮诺的比例却高达85%。因为一直坚持以莫尼耶皮诺为主体酿造材料，该酒厂还被看做是"莫尼耶皮诺的拥护者"而屡次获奖。这款酒最适合渴望个性香槟的人士。

布鲁诺·米歇尔特酿玫瑰香槟

Bruno Michel
Cuvee Rose

细腻型

　　在平均树龄达到35年甚至是70年的葡萄园中采用有机的方法栽培葡萄。所有特酿均以橡木桶中酿造的基酒为原料，然后还要在瓶内酿造大约30个月的时间。

原产国:法国

原产国:法国

原产国:法国

玫瑰红

塔兰天然不记年玫瑰香槟

Tarlant
Brut Rose NV

醇厚型

　　这是一家始于17世纪的家族式酿酒厂。这款产品尽可能选择没有使用农药的葡萄为原料，由85%的霞多丽和15%的黑皮诺混酿而成，具有柔和的水果香气和华丽的玫瑰口感。

原产国:法国

玫瑰红

查理父子天然特级玫瑰香槟

Charlier Et Fils
Prestige Rose Brut

浓烈型

　　这款产品没有使用调和的方式，而是选择了充分利用果实的色调和味道的"出血酿造法"。它的特点是既具有玫瑰香槟的艳丽红色，又保持了葡萄的新鲜酸味。单宁适度，适合与肉类菜肴搭配饮用。

原产国:法国

白色

萨奈轩顶级特酿

Tsarine
Premium
Cuvee

清淡型

　　这是香槟区最古老的酿酒商之一。在19世纪的时候，为了向当时的主要出口国——俄罗斯的沙皇表示敬意，精心研制了这款顶级特酿。这款酒的瓶身宛如艺术品般洋溢着高雅和华贵的气息。

原产国:法国

白色

雅克森731天然特酿

Champagne Jacquesson
Champagne Cuvee #731

细腻型

　　这款酒深受法皇拿破仑的宠爱，曾经用于庆祝王室的婚礼。数字731是为了纪念该酒厂在1898年生产的第731瓶葡萄酒，这也刚好是创业的100周年。

原产国:法国

白色

克里斯托夫·摩根绝干香槟

Chirstophe Mignon
Extra Brut

浓烈型

　　这款黑品白100%使用了在香槟酿造中被视为辅助品种的莫尼耶皮诺。其醇厚的口感具有霞多丽、黑皮诺所没有的独特魅力，改变了人们对于莫尼耶皮诺的传统印象。

原产国:法国

白色

堡林爵精选特酿

Bollinger
Special Cuvee

浓烈型

　　堡林爵风格的代表产品。其新鲜的口感最适合作为开胃酒饮用。由于酸度强劲，所以也可以与海鲜及白肉搭配。为了更好地感受这款酒独特的芳香，建议在饮用时使用郁金香形状的酒杯。

原产国:法国

德茨天然特酿

Deutz
Brut Classic

醇厚型

这家酒厂位于从中世纪以来就一直被视为拥有最上等特级葡萄园的爱依村（Ay），它是在1838年由两位德国人建立的。从这款不记年香槟中，我们可以体会到德茨独有的优雅和回味。

原产国:法国

罗杰–普永父子不记年天然特酿

Roger Pouillon et Fils
NV Cuvee de
Reserve Brut

浓烈型

这家酒厂在包括爱依村在内的7个村庄拥有自己的葡萄园，并且积极地采用有机农作的方法。这款香槟曾经受到专家的一致好评，其醇厚的口感甚至可以与白雪、沙龙等大品牌相媲美。

原产国:法国

让·汉诺汀天然传统特酿

Jean Hanotin
Brut tradition

细腻型

以有机栽培的葡萄为原材料，将70%的黑皮诺和30%的霞多丽的1次榨汁混酿而成。口感香甜醇厚，充分展现了有机土壤的优势。

原产国:法国

红色

白色

维格诺恩特级葡萄园极品白

J.L.Vergnon
Extra-Brut
Blanc de Blancs
Grand Cru

清淡型

　　这是一款充分展现白丘地区土壤品质的辣味极品白，气泡饱满、口感柔和。与鱼、肉、奶制品等搭配饮用，会进一步提升它的美味。

原产国:法国

迪迪埃·多克斯天然记年香槟

Didier-Ducos
Champagne Brut
Millesime 2000

浓烈型

　　具有桃子和杏仁的香气以及清爽的酸味，口感优雅柔和。这款酒的酿酒商是马恩河地区的葡萄栽培农户，产量很小，正因为稀有才更值得去品尝。

原产国:法国

白雪不记年天然香槟

Piper-Heidsieck
Brut Vintage 2000

细腻型

　　只用丰收年份的葡萄酿造的记年香槟。酸味强劲有力，口感细腻润滑，具有异国情调的香气绵绵不绝，回味悠长。

原产国:法国

白色

德拉皮耶天然极品白

Drappier
Signature Brut Blancde Blanc

清淡型

　　该酒厂设立于1808年，他们的产品曾受到前法国总统希拉克、已故歌手帕瓦罗蒂等人的喜爱。这款酒为淡金色，气泡强劲有力，是将优雅与清爽两种口感完美结合的优质极品白香槟。

原产国:法国

白色

让·皮埃尔·德拉果味极品白

"La Pierre de La Justice"
Blanc de Blancs

清淡型

　　这是一款100%以白丘地区的霞多丽为原料酿造的极品白。经过橡木桶的天然发酵和酿造，又在瓶内酿造了3年后才上市。具有白桃和洋梨的香气，口感新鲜优雅。

原产国:法国

白色

拿破仑传统天然香槟

Champagne
Napoléon
Tradition Brut

浓烈型

　　这是唯一一款以法皇拿破仑的名字来命名的香槟。将霞多丽和黑皮诺以1：1的比例调和而成，口感细腻新鲜、香醇厚重，酸味强劲有力，适合与各种菜肴搭配饮用。

原产国:法国

白色

安德烈·克里埃 天然水晶香槟

Andre Clouet
Silver Brut

浓烈型

　　用著名的黑皮诺产区波奇村（Bouzy）和昂博奈村（Ambonnay）的特级葡萄园中的黑皮诺酿造而成。不进行补糖工序，毫无保留地展现出顶级葡萄园中优质葡萄的原汁原味，最适合喜欢辛辣口感的人士。

原产国:法国

白色

安德烈·克里埃 顶级天然特酿

Andre Clouet
Grande Reserve Brut

浓烈型

　　100%选用波奇村（Bouzy）特级葡萄园中的葡萄酿造而成的黑品白。口感丰满、柔和、圆润。瑞典国王曾亲自访问该酒窖，这款香槟也是当今瑞典王室最为青睐的标准特酿。

原产国:法国

白色

阿尔弗莱德·格 雷汀天然特酿

Alfred Gration
Cuvee Brut Classique

浓烈型

　　这款酒的酿造方法是在小型橡木桶发酵，然后在瓶内长期酿造，这不由让人想起了库克的风格。事实上，该酒厂与库克公司也确实存在着一定的关系，他们只是想把地道的香槟以更为合理的价格出售给喜欢它们的人。

原产国:法国

 华贵型香槟

这种类型的香槟在平时饮用可能会感觉有点奢侈，不过，在遇到喜事想举杯庆祝的时候，它们一定会满足您的要求。这里汇集了记年香槟、顶级特酿和稀有的玫瑰香槟，只是欣赏一番，都会产生如痴如醉的幸福感觉。

白色

乌屋·福路尼特酿

Vve Fourny
Cuvee R de Vve Fourny

细腻型

  香槟的魅力就在于其古老神秘的发酵、酿造等制作方法。不过，这家酒厂的主人却通过悉心的钻研使其获得了新生。为了表示对他的敬意和纪念，他的儿子在酒标中特别标注了1个字母R。

原产国:法国

白色

勒格拉斯天然极品白

R.&L.Legras
Champagne Brut,
Blanc de Blancs

清淡型

  勒格拉斯酒厂的规模虽小，但是却一直坚持着酿造高品质香槟的经营理念，已经有200多年的历史。此款香槟使用传统的酿造方法，以霞多丽为原料，从中可以品尝到天然的果味。

原产国:法国

白色

塔兰安檀酪酿

Tarlant
La Vigne d'Antan

细腻型

  这款产品100%使用从没有嫁接过的古老葡萄树上采摘的葡萄为原料，可以说是堡林爵的霞多丽版。

原产国:法国

白色

菲丽宝娜记年香槟（1995）

Philipponnat
Sublime Reserve Sec
Millesime 1995

醇厚型

　　这款记年香槟只使用经过严格筛选的丰收年份的霞多丽为原料，不依靠补糖，而是通过精心的调和酿造出如此甘甜的美味。瓶内酿造时间为5年，适合与口味厚重的菜肴搭配饮用。

原产国:法国

白色

蒙库特酒庄特级园特酿皮埃尔·狄龙天然干型香槟

Pierre Moncuit
Champange Réserve Brut,
Blanc de Blanc, Grand Cru,
Cuvée Pierre Moncuit-Delos

清淡型

　　这家酒厂位于最适合高品质霞多丽栽培的勒梅尼尔奥戈尔（Le Mesnil sur Oger）村，已经有100年的历史。清爽的花香、新鲜的橘香与丰富的矿物质完美地结合在一起，回味悠远。

原产国:法国

玫瑰红

德拉梦天然玫瑰香槟

Delamotte
Brut Rose

醇厚型

　　德拉梦被誉为著名香槟品牌沙龙的姊妹酒。此款玫瑰香槟充分利用了霞多丽的品质，酸度强劲，口感清爽，最适合作为开胃酒。

原产国:法国

75

白色

白色

白色

卡提菲·克鲁斯·德穆林香槟

Cattier
Clos du Moulin

细腻型

　　这是一款使用优质记年香槟为基酒的顶级香槟。香气优雅绵长、扩散性强，口感圆润，酸度适中，能让饮用的人心情愉悦。

贝勒斯天然特酿

Bereche et Fils
Brut Reserve

浓烈型

　　由马恩河谷与兰斯山脉的优质葡萄品种混合酿造而成，是一款兼具了柔和、细腻两种口感的传统香槟。在著名的葡萄酒评论杂志《葡萄酒指南》（Le Guide Hachette）上获得三星的好成绩。

弗朗斯瓦·百代天然香槟

Françoise Bedel
Dis,"Vin Secret"
Brut

细腻型

　　这家酒厂采用有机栽培的方法，在葡萄耕种方面倾注了大量的心血。此款含有96%莫尼耶皮诺的特酿显示了该酒厂的高深造诣。这款产品的瓶内酿造时间长达5～6年，酒标上的名称含义为"葡萄酒啊，请告诉我你的秘密吧！"

原产国:法国

原产国:法国

原产国:法国

76

玫瑰红

白色

白色

欧歌利屋特级葡萄园不记年天然玫瑰香槟

Egly-Ouriet
Brut Rose Grand Cru NV

醇厚型

　　欧歌利屋的酿酒技术在香槟区一直名列前茅，就连著名的雅克·瑟洛斯玫瑰香槟都是学习了它的酿造方法。此款香槟中含有10％左右的优质红葡萄基酒，并且瓶内酿造的时间为通常的2倍，即48个月，是一款奢华的极品香槟。

原产国:法国

塔兰·路易酪酿不记年特酿

Tarlant
Cuvee Louis NV

细腻型

　　使用从平均树龄在30年以上的葡萄树上采摘的霞多丽和黑皮诺为原料，以1∶1的比例调和在一起，又在全新的橡木桶中酿造7年而成。这是一款只选用丰收年份的记年葡萄酒为基酒的顶级不记年香槟。

原产国:法国

阿雅拉不记年极品白

Ayala
Blanc de Blancs Millesime

清淡型

　　只使用勒梅尼尔（Le Mesnil）、卡蒙（Cramant）、舒伊（Chouilly）等特级葡萄园的霞多丽为原料酿造的极品白。由于注意控制补糖的程度，因此酿造出了上等葡萄才有的柔和细腻口感。在其中还能感受到奶油的活力。

原产国:法国

白色

布丽丝·卡蒙特级园天然极品白

Champagne Brice
Cramant "Brut"
Blanc de Blancs
Grand Cru 100%

清淡型

　　100％使用单一葡萄园的霞多丽酿造而成的极品白。果味香浓、口感厚重、新鲜清爽，在各种杂志上都受到了高度的评价。

原产国:法国

白色

布丽斯·爱依特级园天然极品白

Champagne Brice
Ay "Brut"
Grand Cru 100%

浓烈型

　　这家酒厂位于从16世纪就开始深受法国王室宠爱的爱依村（Ay）。即使后来做了些调整，其传统的风格和良好的平衡感依然极受欢迎。"爱依"与"爱"谐音，所以此款酒最适合用于婚礼祝酒或者恋爱纪念日。

原产国:法国

白色

勒格拉斯天然极品白特酿

R.&L.Legras
Champagne
Présidence Brut,
Blanc de Blancs

细腻型

　　此款酒是以特级葡萄园中仍然个性鲜明的舒伊村（Chouilly）的霞多丽为原料，口感清凉、平衡度好，在欧洲的三星级酒店和宾馆中非常受欢迎。

原产国:法国

岚颂特酿极品白

Champagne Lanson
Noble Curee
Blanc de Blancs

醇厚型

　　透过瓶身泛着浅绿色，清澈的金黄色酒体，在灯光的折射下呈现了与众不同的优雅和高贵！

原产国:法国

乐蕾特级园极品白

Champagne Lallier
Blanc de blancs
Grand Cru

清淡型

　　这家酒厂位于霞多丽的著名产地爱侬村（Ay）。这款产品结合了爱侬村的霞多丽和白丘地区的霞多丽2个品种，饮用后让人久久难忘。

原产国:法国

布丽丝·波齐特级园天然特酿

Champagne Brice
Bouzy "Brut"
Grand Cru 100%

浓烈型

　　这家酒厂位于红葡萄酒的著名产地波齐村（Bouzy）。这款产品将黑皮诺和霞多丽以8：2的比例调和而成，口感厚重又不失活力，与丰盛的菜肴搭配饮用也丝毫不会逊色。

原产国:法国

玫瑰红

罗兰百悦不记年天然玫瑰香槟

Laurent-Perrier
Cuvee Rose Brut NV

醇厚型

　　这是一款是以昂博奈村（Ambonnay）、波齐村（Bouzy）等高级葡萄园的黑皮诺为原料、采用二氧化碳注入法酿造而成的新鲜玫瑰香槟。具有草莓等红色系水果的香味，口感醇厚，最适合渴望了解地道玫瑰香槟的人士。

原产国:法国

白色

宝禄爵天然记年香槟(1998)

Pol Roger
Brut Vintage 1998

浓烈型

　　选用1998年得天独厚的气候条件下新鲜且优质的葡萄的1次榨汁酿造，又在埃佩尔奈最深的低温地下酒窖中酿造3年而成。酸味强劲有力，口感清爽优雅。

原产国:法国

白色

乔治·拉瓦尔·库米尔一级园天然香槟

Georges Laval
Champagne Brut,
Cumières Premier cru

细腻型

　　这是一家很早就开始采用有机栽培法酿造有机香槟的酿酒商。为了保护葡萄园，他们用直升飞机喷洒农药，并且无偿地让邻近的葡萄园受用。每款香槟都要经过10个月到2年的橡木桶酿造，再在瓶内酿造2年以上，因此口感厚重，余味悠远。

原产国:法国

白色

基督布赞凡尔赛宫特级园天然香槟

Christian Busin
<Comte de Versailles>
Brut Grand Cru

细腻型

　　以香槟区最优良葡萄园的黑皮诺为主要原料，这款产品曾经作为路易十四的御用葡萄酒。其优雅的香气和细腻的口感具有王者的风范。

原产国：法国

白色

泰亭哲前奏特级园香槟

Taittinger
Prelude
Grand Cru

细腻型

　　将特级葡萄园的黑皮诺和霞多丽以1：1的比例调和而成。气泡绵绵不绝，香气清新优雅，口感醇厚细腻，是一款经典的香槟。

原产国：法国

小贴士

香槟塔

　　香槟塔通常是在婚庆、开业等重大喜庆场合，为了烘托气氛，祝福新人婚后生活或事业节节高升而使用的。最早的香槟塔是用很多个法国弓箭杯，下面放一个防滑垫，垒得高高的，像个塔一样，然后缓缓将香槟倒入。好看的香槟塔在没有倒香槟之前就有至美的感觉，倒了香槟之后，本来就晶莹剔透的杯塔再加上各种颜色的、翻腾着气泡的香槟映衬，就是一种无以言表的奢华美丽。

　　香槟塔一般用细长形或郁金香形状的高脚香槟杯，这样最能衬托出香槟的优雅，同时也较能保持香槟的气泡与香气。至于广口高脚杯，虽然显得豪气十足，却容易使气泡在短时间内遗失殆尽，并不是十分合适。

　　通常情况下，香槟塔的高度是三层以上，从下至上依次减少，呈现金字塔状。同时还有专为婚礼设计的心形，以及各类富有创意的造型。

宝禄爵霞多丽记年香槟（1998）

Pol Roger
Chardonnay Vintage 1998

清淡型

　　严格筛选卡蒙（Cramant）、李美尼尔（Le Mesnil）等特级葡萄园的霞多丽酿造的极品白。酒体颜色为透明的黄金色，气泡丰富，口感成熟，适合于各种菜肴搭配饮用。

原产国:法国

雅克森·博福特半干记年香槟(1995)

Jacques Beaufort
Champagne Demi-Sec
Millesime 1995

浓烈型

　　这家酿酒商从30年前就开始从事有机葡萄酒的酿造，即使在补糖时也要加入有机葡萄的浓缩果汁，再经过长期的酿造，具有蜂蜜般的甘甜口感和丰富的矿物质含量。

原产国:法国

布鲁诺记年香槟(1996)

Bruno Paillard
1996 Bruno Paillard Vintage

细腻型

　　只使用从3个特级葡萄园和1个一级葡萄园中采摘的葡萄的1次榨汁，然后将霞多丽与黑皮诺按照52%和48%的混酿而成。具有强劲的酸味和香甜的口感，将记年葡萄酒的优秀特质展露无遗。

原产国:法国

玫瑰红

布鲁诺不记年特级天然玫瑰香槟

Bruno Paillard
N/V Brut
Rosé Première Cuvée

醇厚型

　　这款产品只使用葡萄的1次榨汁，将85%的黑皮诺和15%的霞多丽完美地调和在一起，得到了香醇的果味和细腻的口感，适合作为开胃酒。此外，补糖的分量很少，这也看出了他们对于产品品质的自信。

原产国:法国

玫瑰红

伯尼尔玫瑰香槟

Larmandier-Bernier
Rose

醇厚型

　　用出血酿造法（利用先进的技术在黑葡萄的果汁中加入果皮的颜色）制成，因此具有红葡萄酒般的鲜艳色彩。这款酒香味清新、口感醇厚，是让葡萄酒爱好者垂涎三尺的稀有香槟。

原产国:法国

小贴士

为什么葡萄树的树龄越高越好?

　　也许您已经发现，在前面的简介内容中经常会出现"以树龄为×年的葡萄树的果实为原料"之类的描述。

　　在法国，树龄高的葡萄树被称为"Ville Vignes"，甚至许多生产商将其作为葡萄酒的名称。那么，为什么葡萄树的树龄越高越好呢？

　　为了吸收水分和营养，生长在干燥土地上的葡萄树需要不断地向下生长。久而久之，向下延伸的树根就可以从矿物质丰富的地下土壤中吸收到许多地表附近所没有的养分。而且，随着时间推移，树木的长势逐渐稳定下来，分枝也就自然地减少。这样一来，营养全部集中在主干的葡萄上，美味也就浓缩在了里面。

　　据说葡萄树的树龄会对葡萄酒的品质、特点等产生很大影响。因此，从古木葡萄树上采摘葡萄酿造的香槟就会具有浓缩的口感，味道醇厚，余韵悠长。其实，这点和我们人类也很相似，年纪越大，阅历越多，自然也就越有气质。

梦幻型香槟

适合在特殊日子里饮用的名贵香槟。从艺术的瓶身设计
到梦幻的酒体颜色再到高贵的香味口感，这些香槟一定会让
您感到物超所值，并且可以用一生去回味。

蒙库特酒庄尼克孟奎特级园天然极品白

PierreMoncuit Champange
Brut, Blanc de Blanc,
Grand Cru, Cuvée
Nicole Moncuit, Vieille Vignes

细腻型

　　这是一家从葡萄的栽培到酿造再到销售的流水型厂商，他们一直坚持用最上等的霞多丽酿造极品白。产品的特点是具有丰富的果味、稳定的酸度和悠长的余韵，曾经在专业杂志上获得过五星级的好评。

原产国:法国

宝禄爵记年玫瑰香槟（1999）

Pol Roger
Rosé Vintage 1999

醇厚型

　　只选用丰收年份优质葡萄酿造的稀有香槟。具有优美的细腻气泡和橙红色的酒体色彩，口感清爽、有活力。最适合作为开胃酒，也可以用于佐餐酒。

原产国:法国

泰亭哲·莱斯福勒斯·德拉蒙特利尔香槟

Taittinger
Les Folies de
La Marquetterie

醇厚型

　　在法国大革命期间，曾经有许多思想家汇集到蒙特利尔城，并饮用该城周围的莱斯福勒斯葡萄园（Les Folies）酿造的极品香槟，此款酒的名字就来源于此。这款香槟的特点是气泡细腻、口感醇厚、稳定性好。

原产国:法国

小贴士

用自然耕做法
酿成的有机葡萄酒

　　有机葡萄酒也叫做生态葡萄酒，它是使用自然耕做法酿造而成。现在，包括香槟区在内的各个葡萄酒产地的酿酒商都在积极地推广有机葡萄酒的酿造和生产。

　　从严格的意义上来讲，仅是将化学肥料的用量降到最小程度的减药耕做法并不属于有机的范畴，不过，使用这种方法来栽培葡萄的生产者却不在少数。

　　自然耕做法，顾名思义，就是不使用化学肥料和亚硫酸盐等防腐剂，采取自然的无农药栽培方式。

　　而有机栽培法则是在自然耕做法的基础上，调和牛粪、石英等自然存在的营养物质去提升土壤的肥力。栽培的时间需要按照气候条件来进行，修剪和收获也是一样。

　　有机葡萄酒的最大特征就是天然的香气和色彩。此外，其凸显土壤个性的强劲口感也会让饮用的人久久不能忘记。今后，相信有机葡萄酒的种类会不断地增加，所以值得我们密切去关注。

白色

白雪香槟顶级特酿

Piper-Heidsieck
Cuvée Rare

细腻型

　　这款产品在白雪公司的酿酒历史上仅生产过两次，这就是其中的1次。这款产品的瓶身是为该酿酒厂的200周年庆典专门设计，口感方面也十分考究，清爽干冽，如丝般润滑。

原产国:法国

白色

丽歌菲雅金棕榈香槟

Palmes d'Or
Vintage

细腻型

　　这款香槟具有绵长的香气和如天鹅绒般丝滑的口感。它最初的酿造者丽歌菲雅是从纽约歌剧歌手身上佩戴的黑珍珠引发的灵感，从而设计了这款酒的瓶身。

原产国:法国

德茨记年极品白（1998）

Deutz
Blanc de Blancs 1998

清淡型

　　这款极品白是以来自于不同土壤的霞多丽为原料酿造而成，在巴黎很多的三星级酒店中被使用，比如著名的半岛（Peninsula）酒庄。口感醇厚细腻、回味悠长。

原产国:法国

安德烈·克里埃·安茉莉斯记年香槟（1911）

Andre Clouet
Un Jours de 1911

浓烈型

　　此款酒的名字也许是在向香槟的丰收年1911年表示敬意，不过无论怎样，它都是一款年产量仅有1911瓶的超级稀有特酿。用传统酿造法酿造，瓶身用稻草包装。

原产国:法国

阿尔弗莱德·格雷汀天然特酿

Alfred Gration
Cuvee Paradis Brut

细腻型

　　这是一款曾经被用于超音速协和客机的顶级特酿。从原料方面，它还是使用香槟区屈指可数的丰收年1998年的葡萄来酿造的记年葡萄酒。在橡木桶中进行1次发酵，之后又经过了瓶内的长期酿造，具有复杂的口感和优雅的韵味。

原产国:法国

白色

伯瑞·路易特酿

Pommery
Cuvée Louise

清淡型

　　这是一款只从3个最上等的特级葡萄园中选择丰收年份的葡萄为原料的顶级特酿。酿酒的比例为60%霞多丽和40%黑皮诺。此外，又经过了6年以上的长期酿造，具有成熟的香味和厚重的口感。

原产国:法国

阿兰·罗贝尔·美尼尔园天然特酿

Alain Robert
Mesnil Reserve`90

细腻型

　　这是一款100%使用特级葡萄园的霞多丽酿造的极品白。长期酿造的醇厚绵长和补糖时产生的新鲜清爽完美地融合在一起，是难得一见的珍品。

原产国:法国

沙龙皇帝尼古扎斯香槟

Billecart-Salmon
Millésime Cuvée
Nicolas François Billecart

细腻型

　　这款香槟只使用特级葡萄园的葡萄为原料，兼具了橡木桶酿造的醇厚与瓶内2次发酵的清爽。曾经在20世纪代表性的香槟选拔试饮赛上2次获奖，1959入选第1，1961入选第2。

原产国:法国

白色

宝禄爵记年特酿
（1996）

Pol Roger
Cuvée
Sir Winston Churchill 1996

细腻型

　　这款香槟是为了向钟爱宝禄爵香槟的原英国首相丘吉尔表示敬意而特别酿造，选用了1996年的葡萄为原料，口感考究地道。

原产国:法国

玫瑰红

罗兰百悦亚历山大记年玫瑰香槟
（1998）

Laurent-Perrier
Alexandra Rose 1998

细腻型

　　此款酒是罗兰·百悦用自己长女的名字来命名的记年香槟。使用特级葡萄园的葡萄为原料，经过娴熟的专业酿酒师的精心调配和5～10年的酿造，最终才打造出这款芳醇优美的顶级玫瑰香槟。

原产国:法国

白色

雅克森·波福特甜味记年香槟
（1998）

Jacques Beaufort
Champagne Doux 1988

醇厚型

　　由于很难满足酿酒的条件，甜味香槟非常稀有。这款产品具有水果的清香、蜂蜜的甘甜和丰富的酸性矿物质，口感粘稠、余韵悠长，完美地展现了波福特香槟的本色。

原产国:法国

小贴士

险些将欧洲葡萄园
摧毁的蚜虫病

19世纪50年代，不仅是香槟区，甚至整个欧洲的葡萄园都险些被一种害虫全部摧毁。

这种害虫就是身长仅有几厘米的蚜虫。它可以从葡萄树的根部吸收树液，从而使树木枯死。所以，之前没有经历过此虫害的全欧洲的葡萄园都在瞬间陷入了濒临毁灭的状态。

这种害虫到底从何而来？据说，它最早是粘附在从美国引进的用于研究的树苗上。

后来，科学家们在欧洲本土的葡萄树上嫁接了从北美中东部引进的对蚜虫具有较强抵抗力的葡萄枝，才使得葡萄园逃此一劫，渡过危机。

这是欧洲葡萄酒史中一段不可回避的悲剧，是一场不能忘却的血的教训。

亨利·格拉德爱依特级园天然酿造（1998）

Henri Giraud
Fut De Chene Ay
Grand Cru

细腻型

此款酒的瓶帽为24K镀金涂层，没有酒标，而是在瓶身上直接印刻了金色的字母，甚至标注了加工号码。由于产量十分稀少，所以这款考究的梦幻香槟昔日只能在摩纳哥王室和上流阶层中享用得到。

原产国:法国

汉诺记年珍藏特酿（1995）

Henriot
Cuvee Des
Enchanteleurs 1995

细腻型

这是一款只选用丰收年份的葡萄酿造的汉诺威望级香槟特酿。它以1995年的珍品霞多丽为原料，果味清新、酸度适中、矿物质丰富，口感优雅厚重。

原产国:法国

玫瑰红

白色

路易王妃天然水晶香槟

Louis Roederer
Cristal Brut Vintage

细腻型

　　此款香槟是专门为俄国沙皇亚历山大二世酿造，酒名源自于用水晶制作的瓶身。它经过了长达6年的酿造，具有清新的香味和华丽的气泡。

原产国:法国

堡林爵天然记年玫瑰香槟（1999）

Bollinger
La Grande Annee
Rose 1999

醇厚型

　　此款酒曾在因评价苛刻而著称的专业葡萄酒杂志《Le. Classement》上获得好评。经过长达6年的酿造，具有苹果、奶酪等混合的芳香口感，适合用于佐餐酒。

原产国:法国

德·韦诺日路易十五记年香槟（1995）

de Venoge
Louis XV 1995

细腻型

　　这不愧是一款用法国国王路易十五的名字来命名的高贵香槟。将霞多丽和黑皮诺以1：1的比例调和在一起，又经过了地下酒窖的10年酿造。它的瓶身也是特别选用了19世纪的优质玻璃，收藏的价值非常高。

原产国:法国

白色　　　　　　　白色　　　　　　　玫瑰红

泰亭哲抽象画系列特选香槟	巴黎之花花样年华极品白特酿（2000）	巴黎之花记年玫瑰香槟特酿（2002）

泰亭哲抽象画系列特选香槟

Taittinger
Collection Bottle
Zao Wou-ki

细腻型

　　这是一款选用丰收年份葡萄为原料的顶级记年香槟。瓶身也是由现代艺术家专门设计的抽象画收藏系列。

巴黎之花花样年华极品白特酿（2000）

Perrier-Jouët
Cuvée Belle Epoque
Blanc de Blancs 2000

细腻型

　　仅使用白丘地区著名的特级葡萄园中卡蒙村（Cramant）的霞多丽为原料，具有鲜花和水果的清香，是一款口感优美细腻的艺术型香槟。

巴黎之花记年玫瑰香槟特酿（2002）

Perrier-Jouët Cuvée
Belle Epoque Rosé 2002

细腻型

　　此款玫瑰香槟的瓶身图案是一朵由新艺术派巨匠设计的楚楚动人的秋牡丹。口感优雅细腻，酒体香醇。

原产国:法国　　　原产国:法国　　　原产国:法国

有关香槟的名人轶事

经济学家约翰·梅纳德·凯恩斯曾说，"我毕生最大的遗憾，就是没有享用更多的香槟"。类似这样的名言，真的像香槟的气泡那样数不胜数。

下面就收集了一些让人印象深刻的名人轶事。

首先是大名鼎鼎的德国铁血宰相俾斯麦。据说，有一次，当他尽情饮用香槟的时候皇帝问他，"作为一名爱国者，你为什么不喝我们德国自己产的酒？"他的回答让人十分震惊，"陛下，臣确实多有得罪，不过爱国心与舌头是两个完全不同的概念"。

作为18世纪最大的香槟消费国的俄罗斯，其沙皇亚历山大二世也留下过这样浪漫的话："你可以在盛满香槟的酒杯中看到天使的眼泪。"

沙皇亚历山大二世所说的就是世界第一代威望级香槟——路易王妃水晶香槟。

此外，酷爱香槟的英国摇滚乐团领唱佛莱迪·摩克瑞曾经豪爽地将12支堪称奢侈品的水晶香槟送给了自己的恋人。而且，他还留下了下面的名言：

"希望你在早餐的时候也能够饮用香槟。"

同属音乐界的香槟爱好者还有大师级的音乐制作人塞日·甘斯布。据说他一生中最爱的就是香槟之王——唐·培里侬。他曾经把数十箱唐·培里侬搬回家，与自己的爱人共同分享。他还和调酒师说过这样的话：

"我最讨厌穿晚礼服的人，不过除了那些在此点香槟的绅士。"

唐·培里侬香槟确实迷倒了包括塞日·甘斯布在内的许多许多人。最后，我想用香槟之父唐·培里侬的名言来结尾。唐·培里侬神父曾经在香槟区的圣维旺·德·维吉修道院看管酒库，他把自己的一生都献给了香槟酿造事业。据说，在他第一次饮用了起泡葡萄酒之后，就立刻召集全修道院的人说："饮用它就仿佛是在饮用星星！"

❧ 谁是最受电影导演欢迎的"明星香槟酒"？ ❧

迄今为止，香槟已经在很多电影中出现过。一般都是像《北非谍影》那样，作为男女主角抒情戏的小道具。正如作品中反映的那样，高贵的女性会因为饮用了香槟而变得更加有魅力。

由杰克·莱蒙主演的《桃色公寓》还独具创意地以开启香槟的声音作为电影的开始，让人们对于香槟关注又多了几分。现在，香槟早就已经成为了公认的最上镜酒类。那么，您想知道哪款香槟是最受欢迎的电影明星吗？

参与者

玛姆红带香槟

《英国病人》
导演：安东尼·明格拉

《月色撩人》
导演：诺曼·杰维森

《爱得没话说》
导演：罗恩·安德伍德

酩悦一唐·培里侬

《西雅图不眠夜》
导演：诺拉·艾芙恩

《夺面双雄》
导演：吴宇森

《辛德勒名单》
导演：斯蒂文·斯皮尔伯格

巴黎之花

《致命吸引力》
导演：阿德里安·莱恩

《潜龙轰天》
导演：安德鲁·戴维斯

酩悦王朝干白

《风月俏佳人》
导演：加里·马歇尔

《泰坦尼克号》
导演：詹姆斯·卡梅隆

《成功的秘密》
导演：赫伯特·罗斯

路易王妃水晶

《心理游戏》
导演：大卫·芬奇

《艳舞女郎》
导演：保罗·范霍文

詹姆斯·邦德在《007系列：诺博士》中曾经把1955年的唐·培里侬当做武器，而且还留下一句经典台词，"要喝就喝1953年的"。在《007系列：金手指》中，他又提到"唐·培里侬必须在3.3℃以下保存"。后来，虽然其中也出现过堡林爵香槟的身影（邦德也曾出任该公司的广告代言），但是其魅力仍然没有超过让人无法忘却的唐·培里侬。

夺冠的理由？

还真是一场势均力敌的较量。虽然有这么多香槟曾经在银幕上亮相，不过，在007系列电影的大力支持下，最后还是由酩悦公司的唐·培里侬摘得了桂冠。

冠军

独特迷人的起泡葡萄酒

现在，几乎所有的葡萄酒产区都在酿造起泡葡萄酒。我们从中严格地筛选出一些不逊色于香槟的产品，它们的酿造方法多种多样，都具有自己独特的个性。接下来就请尽情地享受红色起泡葡萄酒独有的迷人魅力吧！

 大众型起泡葡萄酒

这类葡萄酒在平日里就可以尽情享用。由于酿酒商都在
尽力提升产品的品质，所以大众型起泡葡萄酒的性价比也很
高。它们的口感一般是微甜和清爽，很容易被人接受。

白色

 红色

 白色

让·路易天然极品白

Jean Louis
Blanc de Blancs Brut

　　这是一款用立体密闭法酿造的起泡葡萄酒。由于在不锈钢容器中经过2次发酵时进行了严格的温度控制，所以呈现出了独特的新鲜果香和清爽口感。气泡丰富，适合与意大利面及水果点心搭配饮用。

原产国:法国

丹赫红宝石起泡葡萄酒

Deinhard
Rubin

　　这款酒是由德国最大的葡萄酒酿造公司丹赫酒厂生产，是在1969年为纪念公司创立175周年而特别酿造。具有草莓般的香气、清爽的果味和悠长的回甘。红宝石颜色的气泡可以让餐桌大为增色。

原产国:德国

KWV天然特酿

KWV
Cuvee Brut

　　此款起泡葡萄酒的名字源自于"南非葡萄栽培联合协会"的首字母。它以白诗南（Chenin Blanc）葡萄为主要材料，使用立体密闭法酿造。具有清爽的酸味和新鲜的果味，性价比极高。

原产国:南非

白色

 白色

  玫瑰红

甘恰·阿斯蒂不记年起泡葡萄酒

Gancia
Asti Spumante NV

　　甘恰是意大利最著名的一家起泡葡萄酒酿造厂商。这款产品100%使用当地的葡萄为原料，醇厚的香味和清爽的口感很受欢迎。

原产国:意大利

巴克斯之泪天然特酿

Lacrima Bacchus
Reserva Brut

　　从1890年就开始酿造卡瓦酒的卡维斯公司（Caves）有着悠久的历史。这款酒经过地道的瓶内2次发酵，并使用罗马神话中的酒神巴克斯（Bacchus）的眼泪来命名，可见其用心的程度。这是一款具有细腻口感和华丽果香的辣味葡萄酒。

原产国:西班牙

贝灵哲气泡白葡萄酒

Beringer Vineyards
Sparkling White Zinfandel

　　该酒厂位于纳帕山谷，是美国屈指可数的著名葡萄酒酿酒商。这是一款用立体密闭法酿造的玫瑰香槟，榨汁后还要将果皮浸在果汁内3小时，所以呈现为独特的腮红色。具有丰富的气泡和清爽的果香，备受欢迎。

原产国:美国

小贴士

法国葡萄酒的品质特点与分类方法

法国有"葡萄酒王国"的美誉，拥有勃艮第、波尔多、普罗旺斯、香槟区等在全世界都赫赫有名的葡萄名产地。

在欧盟各成员国中，葡萄酒被分为普通餐酒和优质酒两大类。

法国对这一标准又进行了细化，对产区、种类、酿造方法等都做了更为明确的规定。

比如，最高等级的AOC葡萄酒除了要满足严格的标准，还要经过法国原产地命名机构（INAO）的鉴定和专家的品酒测试后才能上市销售。

日常餐酒（Vin de Table）
将欧盟境内不同地区的葡萄酒混酿而成。
乡镇酒（Vin de Pays）
限定在法国境内产地酿造的餐酒。不能和其他产地的葡萄酒勾兑，可以用产地来命名。
优良产区酒（AO VDQS）
比AOC标准略微宽松一些。
法定产区酒（AOC）
在原产地、葡萄品种、栽培方法等方面都必须符合法律的规定，并经过法国原产地命名机构的检验（香槟就属于此类）。

白色

波特嘉璀璨黑瓶起泡葡萄酒

Bottega Prosecco
Brut

波特嘉家族一直以酿造高级的葡萄酒而闻名。这款酒的酒标"诗人的葡萄酒"和浪漫的瓶身设计也是其大受欢迎的原因之一。在口感方面，这款酒具有独特的水润清爽感觉。

原产国:意大利

白色

如临梦境不记年气泡白葡萄酒

Dreamtime Pass
Sparkling White NV

此款酒以霞多丽为主要原料，混合了鸽笼白、瑟美戎等品种，用立体密闭法酿造而成。具有热带水果的清爽和香气，口感圆润，酸度适中，很容易被大众所喜爱。

原产国:澳大利亚

白色　　　　　　　　　白色　　　　　　　　　红色

泽塔天然特酿起泡葡萄酒

Zeta Cava
Brut Reserva

　　这款酒采用传统的瓶内2次发酵的香槟区酿造法，又经过了18个月以上的酿造后才上市。具有独特的杏仁和蜜桃的果香和甘甜圆润的口感。适合作为开胃酒应用于各种场合。

原产国:西班牙

卡斯蒂洛·蒙布特天然起泡葡萄酒

Bodegas Concavins
Castillo De Montblanc
Cava Brut

　　使用3种西班牙当地的葡萄品种混酿而成，具有蜜桃、杏仁和法式蛋糕的独特香气，极具魅力。经过了瓶内2次发酵和18个月的酿造，口感醇厚，气泡细腻。

原产国:西班牙

克拉克起泡葡萄酒

Varichon & Clerc
Merlot Gamey

　　以法国南部罗纳河、卢瓦尔河沿岸的上等葡萄为原料，用香槟区酿造法精制而成。具有甘草和杉树的香气和草莓般的甜蜜口感，属于水果型红色起泡葡萄酒。

原产国:法国

白色

易川兄弟·瓦雷内起泡葡萄酒

Ichon Freres
Duc de Varenne

这是一款用香槟区传统酿造法酿造的水果型葡萄酒。口感比较清淡，适合作为开胃酒，也可以与各种菜肴搭配饮用，性价比极高。

原产国:法国

白色

1+1=3天然起泡葡萄酒

U mes U fan Tres
Brut

这款产品是由葡萄栽培世家皮革诺家族（Pigno）和拥有顶级酿酒坊的艾斯特维家族（Esteve）联手开发研制，所以得到了1+1=3的好结果。世界著名的葡萄酒评论家罗伯特·派克也曾对此酒给予过高度的评价。

原产国:西班牙

白色

卡瓦斯·希尔—温雅·圣特·马奈尔天然起泡葡萄酒

Cavas Hill
Vinya Sant Manel,
Brut Réserva

因严格的品质管理而著称的卡瓦斯·希尔（Cavas Hill）创立于1887年，是具有悠久历史的酿酒商。这款产品使用香槟区酿造法制成，并经过了2年的酿造，具有丰富的气泡和柔和的口感。

原产国:西班牙

白色   白色

诺顿酒窖喜宴特干起泡葡萄酒

Bodega Norton
Cosecha Especial

　　这款酒是由因水晶香槟而著称的施华洛世奇公司所开发，其瓶身的设计很有特点。一般的水晶香槟糖分都比较多，不过这款产品却很特别，晶莹剔透且清爽干冽。

原产国:阿根廷

迪费天然传统特酿

Charles de Fere
Tradition Brut

　　这是一款由出身香槟名门的酿酒坊主人亲手酿造的美味香槟，性价比极高。用香槟区酿造法精心制成，气泡细腻，口感优雅，酸度怡人，在香槟爱好者中备受好评。

原产国:法国

爱依柯德天然起泡葡萄酒

Eikendal
Brut,Sauvignon
Blanc/Chardonnay

　　为了充分提取鲜榨葡萄汁后的果香味道，需要经过长时间的发酵（葡萄的果肉与果皮充分地接触与结合），口感为淡淡的辣味与葡萄柚的酸味。

原产国:南非

小贴士

意大利葡萄酒的品质
特点与分类方法

在人们的印象中，似乎法国与葡萄酒两个词已经画上了等号。可实际上，意大利的葡萄酒产量也占据了全球的四分之一之多。

自古以来，意大利都被称为"酿造葡萄酒的圣地"。这里的气候、土壤等条件都非常适合葡萄酒的酿造。

在意大利，起泡葡萄酒被称为斯卜曼笛，它有很长的历史。其中，以当地的葡萄为原料的斯卜曼笛是先将冷冻的果汁解冻，然后再在其中添加酵母菌，这种酿造方法非常独特。

按照欧盟规定，葡萄酒被分为普通餐酒和优质酒两大类。在意大利，也有更为细化的规格和等级。

日常餐酒（VdT）
只标注颜色，不标注原产地的普通葡萄酒。

地方餐酒（IGT）
以特定地区的葡萄为原料，在酒标上注有葡萄品种和产地名称。

法定地区酒（DOC）
葡萄品种、产地、酿造场所、混合比例、酒精度数等方面都需要符合法律的规定，相当于法国的AOC级别。

保证法定地区酒（DOCG）
这是被意大利农林部推荐、符合法律规定品质标准的最高级别。

玫瑰红

特拉格纳·德巴提斯·帕莱帕特起泡葡萄酒

CAMP DE TARRAGONA
d·abbatis TREPAT

在西班牙，人们对于香槟的喜爱程度非常高。这是一款以加泰罗尼亚地区的葡萄为原料制成的玫瑰香槟，其新鲜的果味和艺术的瓶身十分受欢迎。

原产国:西班牙

白色

佩瑞斯·巴尔塔天然起泡葡萄酒

Parés Baltà
Brut

这家酿酒商从1790年就开始推广用有机方式酿造卡瓦酒。由于没有喷洒农药，所以葡萄的根系可以深入到土壤底层，充分吸收那里的矿物质和养分。制成的葡萄酒也具有与众不同的清爽口感和绵长果香。

原产国:西班牙

103

白色

博依格斯天然起泡葡萄酒

Bohigas
Brut

　　这是一家具有400多年历史的酿酒商，一直在西班牙最上等的葡萄园中进行葡萄的栽培和酿造。他们从1936年开始酿造起泡葡萄酒，立刻就得到了西班牙顶级酿酒师和35个国家的著名进口商的大力支持。

原产国:西班牙

圣密夕天然特酿

Domaine Ste.Michelle
Cuvée Brut

　　此款酒选用最适合起泡葡萄酒酿造的哥伦比亚山谷的黑皮诺和霞多丽为原料，用香槟区酿造法精制而成。水果味、适宜的甜度和清爽的酸味完美地结合在一起，适合与所有菜肴搭配饮用。

原产国:法国

活士堡美斯起泡葡萄酒

Vallebelbo s.c.r.l
Asti DOCG

　　这是一款来自于阿尔卑斯山脉上的皮埃蒙特区的起泡葡萄酒。它以这个地区的葡萄为原料，具有清爽的新鲜口感，是意大利甜品葡萄酒的代表。

原产国:意大利

马斯卡罗尼格朗卡瓦起泡酒

Mascaró
Brut Nigrum

这是一款使用上品葡萄酿造的水果型香槟，在西班牙的品酒师和购买商中已经成为起泡葡萄酒的代名词。酒标上的字母"Nigrum"在加泰罗尼亚语中表示"黑"。

原产国:西班牙

勃艮第·佩瑞格特气泡红葡萄酒

Parigot Bourgogne
Mousseux Rouge

这是一款由顶级酿酒师酿造的勃艮第起泡葡萄酒，也是当地酒吧的招牌酒。它使用上等的勃艮第红葡萄酒为基酒，具有丰富的气泡和细腻的芳香。

原产国:法国

费勒·依卡斯天然起泡葡萄酒

feRRé i CataSúS
Brut

为了建立能够进行完善的温度控制的高科技酿酒坊，在新旧世纪交替时，这家酿酒厂进行了大刀阔斧的改革。他们开创的在起泡葡萄酒中加入5%的霞多丽的做法到今天仍然是独一无二。这是一款年产量仅有700箱的稀有产品。

原产国:西班牙

经济型起泡葡萄酒

与香槟相比，这种类型的起泡葡萄酒的价位并不算高，
但是在起泡葡萄酒中就属于高档的产品了。下面将要介绍的
产品几乎全是用传统的瓶内2次发酵法精心酿造而成，用它们
来招待客人既体面又实惠。

特莱悠酒窖利穆赞·布朗克特出血酿造法甜味葡萄酒

Domaine de Treille
Blanquette de Limoux
Methode Ancestrale(Doux)

　　这应该是世界上第一款起泡葡萄酒。它用传统的出血酿造法精制而成，即在酿酒的中途停止发酵，1个月后再装瓶，进行瓶内2次发酵。这款产品的特点是气泡细腻，口感优雅甘甜。

原产国:法国

格鲁特不记年天然黑品白

Gruet
Blanc de Noir
Brut NV

　　格鲁特家族是被公认的高品质香槟酿酒商，他们在最适合起泡葡萄酒酿造的美国新墨西哥州研制并推出了这款地道的产品。以黑皮诺为主要原料，还添加了25%的霞多丽。

原产国:美国

加利福尼亚金伍德酒坊不记年天然特酿

Kenwood
Sparkling Yulupa
Cuvee Brut
California NV

　　这是美国加利福尼亚州的代表性酒厂，他们的产品价格适中，但是品质过人。这款产品经过了瓶内的2次发酵，具有丰富的气泡、新鲜的酸味和柔和的口感，适合在野餐时饮用。

原产国:美国

107

玫瑰红

蓝宝丽丝天然玫瑰葡萄酒

Blue Pyrenees Estate
Brut Rose '01

　　这是一款经过高端的技术处理和4年酿造的地道的玫瑰气泡红酒。具有优雅的草莓香气和细腻的气泡，就连悉尼著名的比尔斯餐馆的厨师长也极力推荐此款酒。

原产国:澳大利亚

白色

安丽斯庄园雷司令甜白葡萄酒

Paul Anheuser,
Sekt,Riesling,
Q.b.A.,trocken

　　这是一家拥有400年历史的酿酒厂。百威啤酒（Budweiser）就是家族的第10代传人在移居美国后建立，现已成为世界上最大的啤酒厂。这款产品的特点是口感丝滑细腻，气泡丰富新鲜。

原产国:德国

白色

特莱悠酒窖利穆赞·布朗克特传统酿造法天然葡萄酒

Domaine de Treille
Blanquette de Limoux
Methode Traditionnelle(Brut)

　　这是一款使用香槟区酿造法制成的起泡葡萄酒。传说唐·培里侬也是在路过利穆（Limoux）时，从被称为起泡葡萄酒始祖的利穆·布朗克特的酿酒方法中获得灵感，才得到了后来的香槟酒。

原产国:法国

玫瑰红

玫瑰红

白色

小布施玫瑰气泡红酒（绝干）

Obuse Sparkling
E Rose
Extra Brut

这家酒厂一直致力于有机栽培方式的应用，此款地道的玫瑰气泡红酒也是采用香槟区传统酿造法制成。它以日本本土的葡萄为原料，在补糖时也严格控制糖分的添加，是一款纯天然的起泡葡萄酒。

原产国:日本

小布施玫瑰气泡红酒（半干）

Obuse Sparkling
E Rose
Demi Sec

这是一款黏稠状半甜味的玫瑰气泡红酒。和香槟的酿造方法一样，进行瓶内2次发酵，而且花费许多精力进行人工除渣，所以真的是性价比非常高。最适合作为餐前的开胃酒。

原产国:日本

路易比加美露卡蒙特级园天然特酿

Louis Picamelot
Cremant de Bourgogne
Cuvee Jeanne Thomas
Brut 2004

该酿酒商一直以"葡萄酒的品质在于原料"为经营理念，对于葡萄的筛选非常严格，而且仅使用1次榨汁来酿造。就连初次发酵也放在橡木桶中进行，是一款名副其实的特酿。

原产国:法国

白色

夏芬伯格天然起泡葡萄酒

Scharffenberger
Brut

　　这款酒使用了苹果酸–乳酸的酿造方法，口感丰满，具有草莓般的浓郁芳香和迷人的热带水果甜味。

原产国:美国

卡尔·维特拉兹·普罗赛柯天然起泡葡萄酒

Col Vetoraz
Prosecco di
Valdobbiadene Brut

　　此款酒的酿酒商被称为是意大利的葡萄酒神。这是他们唯一的一款起泡葡萄酒产品，具有有机栽培和天然酿造所独有的浓郁香气，曾经在葡萄酒评论杂志《葡萄酒与烈酒》（Wine & Sprites）上获得90分的高分。

原产国:意大利

贝利·拉皮尔埃卡蒙葡萄园极品白

Bailly Lapierre
Cremant de Bourgogne
Blanc de Blanc

　　在土壤和气候等条件都非常接近香槟区的勃艮第，经过24个月以上的瓶内2次发酵酿造而成。曾经在2006年的法国起泡酒大赛中获得金奖，真的是物美价廉。

原产国:法国

皮埃尔·斯帕卡蒙葡萄园天然传统特酿

Pierre Sparr et ses Fils S.A
Crémant d'Alsace,
Méthode Traditionnelle,
Brut, Réserve

　　利用香槟区传统酿造法将阿尔萨斯地区的霞多丽和黑皮诺混酿而成，具有新鲜的果香和丰富的气泡。

原产国:法国

欧路休维路城堡卡蒙葡萄园天然特酿

Chateau D'orschwith
Cremant d'Alsace Brut

　　这家酒庄的历史可以上溯到9世纪。他们拥有5个特级葡萄园，并且一直坚持有机栽培的方式。这款产品使用传统方法酿造而成，气泡细腻，酸度适中，口感醇厚。

原产国:法国

珍莫诺·埃佩尔天然特酿

JEANMAIRE
CUVÉE BRUT
à Epernay

　　这是一款在新西兰顶级酿酒坊制成的地道的起泡葡萄酒。使用了和香槟一样的瓶内2次发酵法，酸度强劲，口感干冽。使用材料的比例是54%的霞多丽、35%的黑皮诺和11%的莫尼耶皮诺。

原产国:新西兰

白色

白色

古利兹堡天然无糖葡萄酒

Château Tour Grise
Saumur Brut,
Non Dosé

　　全部使用有机栽培的葡萄为原料，并且不进行任何的补糖工序。此外，该酿酒商还尽最大努力不使用防腐剂，这是一款100%纯天然的起泡葡萄酒。

原产国:法国

花思蝶天然葡萄酒

Frescobaldi
Brut

　　在具有悠久历史的弗朗斯科地区，将传统的手法和现代的技术完美地融合在了葡萄酒的酿造上。此款顶级记年起泡酒具有优雅的口感，其使用的材料为50%的霞多丽和50%的莫尼耶皮诺。

原产国:意大利

威迪佩斯·魔笛不记年天然传统特酿

Vignoble Guillaume
Flute Enchantee
Vin Mousseux de Qualite
Methode
Traditionnelle Brut(NV)

　　这家酿酒商特意定期组织包括库克公司克鲁格·美尼尔园的酿酒师在内的顶级酿酒师之间的交流，为的就是要找到更好的栽种及酿酒方法。这款酒是以莫扎特的歌剧《魔笛》来命名的。

原产国:法国

拉维特·阿尔贝蒂卡蒙葡萄园不记年传统特酿

L. Vitteaut-Alberti
N/V Crémant de Bourgogne

　　采用和香槟一样的酿造方法，但是由于瓶内的气压要低一些，所以气泡更为细腻。此款酒将40%的霞多丽、40%的黑皮诺和20%的阿里高特（Aligote）完美地融合在一起，得到了一种与众不同的清新果味。

原产国:法国

路易王妃天然起泡葡萄酒

Roederer Estate
Brut

　　这是最顶级的香槟酿造商路易王妃公司在加利福尼亚地区酿造的珍品。路易王妃公司的产品曾经入选纽约时报评出的"20世纪末最应该喝的葡萄酒"之列。

原产国:美国

帕尔斯特天然起泡葡萄酒

PARXET S.A.
Cava, Brut, Réserva

　　这家酒厂位于巴塞罗那附近，以酿造时尚独特的起泡葡萄酒和白葡萄酒而远近闻名。这款产品使用了50%以上的当地的葡萄品种，口感柔和圆润，酸度适中。

原产国:西班牙

113

白色

玫瑰红

白色

安巴鲁·品酒骑兵团卡蒙葡萄园天然特酿

Veuve Ambal
Crémant de Bourgogne
"Tastevinage"

　　"品酒骑兵团（Tastevinage）是一个小有名气的葡萄酒爱好者组织，他们曾多次参与品牌产品的试饮会。这是一款使用了60%的黑皮诺、20%的黑甘美（Gamay Noir）和20%的霞多丽的2001年记年葡萄酒。

原产国:法国

拉维特·阿尔贝蒂卡蒙葡萄园不记年玫瑰气泡红酒

L. Vitteaut-Alberti
N/V Cremant de
Bourgogne Rose

　　此款酒的酿酒商一直坚持从优秀的葡萄栽种农户手中购买葡萄，它曾经被最具影响力的葡萄酒评论家罗伯特·派克给予了五星级的最高评价。这款100%使用优质黑皮诺为原料的玫瑰气泡红酒具有丰富的气泡和悠长的果味，饮用后让人心旷神怡。

原产国:法国

弗莱赫蒂娜·弗兰奇亚考达天然不记年起泡酒

Ferghettina
Franciacorta Brut NV

　　此款酒的酿酒商曾经在意大利最具权威的葡萄酒商红蟹公司（Gambeo Rosso）举办的"意大利葡萄酒展销会"上获得"最佳产品"的荣誉称号。他们坚持用自产葡萄酿酒，不断地追求更高的品质。

原产国:意大利

114

精品型起泡葡萄酒

下面介绍的葡萄酒具有高贵的品质和独特的个性，即使和高级的菜肴搭配饮用也丝毫不会逊色。通过有机栽培、手工摘取、只使用1次榨汁、瓶内2次发酵和长期酿造等工序，我们可以真切地感受到酿造者们在其中倾注的满腔热情。可以说，这里汇集了当今世界上最具奢华气息的起泡葡萄酒。

白色

米歇尔·罗恩卡蒙葡萄园天然特酿

Michel Lorain
Cremant de Bourgogne Brut
"PREMIERE CUVEE"

　　这家酒厂是由1名三星级酒店的厨师所创办，他一直将葡萄的栽培和酿酒事业当成自己的理想。后来，在法国的土壤专家和酿酒专家的支持下，终于酿造出此款只使用1次榨汁为基酒的奢华起泡葡萄酒。

原产国:法国

白色

蒙特妮莎天然起泡葡萄酒

Montenisa
Brut

　　这是一款极品的弗兰奇亚考达·蒙特妮莎，由米兰公司酿造，该公司曾酿造出改变意大利葡萄酒地位的"超级托斯卡纳"。这款产品的特点是口感柔和圆润，具有黄桃和苹果的香气，瓶内发酵时间长达30个月。

原产国:意大利

白色

肯蒂娜·德尔卡斯苏阿维葡萄园天然特酿

Cantina del Castello s.r.l.
Soave Classico DOC,
Vino Spumante Brut

　　该酿酒商在优质的葡萄产地苏阿维拥有自己的葡萄园。这款酒曾经在意大利顶级的评论杂志上获得满分的好评。它的特点是口感细腻，酸味适中，矿物质丰富，最适合与鱼类菜肴搭配饮用。

原产国:意大利

小贴士

德国葡萄酒的品质特点与分类方法

虽说德国在葡萄酒的酿造方面没有得天独厚的条件，但是每年也在大量出口优质的葡萄酒（特别是白葡萄酒）。

按照欧盟规定，葡萄酒可以分为普通餐酒和优质酒两大类。在德国，也有更为细致的分类。

餐饮酒

Tafelwein　乡村餐饮酒
Landwein　高级葡萄酒
QbA　优质高级葡萄酒
QmP　（按照葡萄的果汁糖度进一步分为6个规格）

1 头等酒(Kabinett)
使用完全成熟的葡萄酿造。

2 迟采级高级葡萄酒(Spatlese)
采用晚秋成熟的葡萄精酿而成。

3 精选高级葡萄酒(Auslese)
经人工挑选出的质量上乘的葡萄精制而成，人称贵族酒。

4 浆果精选高级葡萄酒
　(Beerenauslese)
选自每颗经人工精选的优质熟透葡萄，含有独特的香蜜酒味。

5 冰果精制高级葡萄酒(Eiswein)
制作方法与浆果精选高级葡萄酒相同，区别在于酿造这种酒时，葡萄的采摘和挤压都保持一种冰冻的状态，酒质独一无二。

6 干浆果精选高级葡萄酒
　(Trockenbeerenauslese)
从近乎于葡萄干的葡萄中逐粒挑选酿制，香甜迷人，无与伦比。

红色

彼得莱曼黑王妃记年起泡葡萄酒（1999）

Peter Lehmann
Black Queen
Sparkling Shiraz '99

这款气泡红葡萄酒以澳大利亚优质葡萄产地巴罗萨山谷的葡萄为原料，使用香槟区酿造法精致而成。瓶内酿造的时间为6年，口感圆润丰满，酸味清爽，回味悠长。

原产国:澳大利亚

白色

贝瑞维斯特·弗兰奇亚考达天然特酿

Franciacorta Bellavista
Cuvee Brut

这款产品以人工采摘的葡萄为原料，用200年前的压榨方法压榨，又进行了和香槟一样的瓶内2次发酵和长达3年的酿造。酸味浓郁，酒香缠绵不绝。

原产国:意大利

小布施起泡葡萄酒（黑品白）

Obuse Sparkling
H
Blanc de Noir

　　这是一款只使用自产的黑皮诺为原料酿造的黑品白。用香槟区酿造法精致而成，瓶内气压控制在4个大气压，所以得到了柔和的气泡和完美的口感。因为产量非常少，所以经常是重金难求。

原产国:日本

武田良子天然特酿

Domaine Takeda
[Cuvée Yoshiko]

　　使用香槟传统酿造方法制成的地道的起泡葡萄酒。严格筛选使用有机栽培法的自家葡萄园的霞多丽为原料，并且不进行补糖工序。此酒以会长夫人的名字来命名，足以看出酿酒商的自信。

原产国:日本

阿赞·阿格力天然起泡葡萄酒

Az.Agr.
IL Calepino
Brut

　　用香槟区酿造法制成的起泡葡萄酒。以霞多丽和莫尼耶皮诺为原料，经过长达36个月的酿造，因此口感醇厚，香味绵长。

原产国:意大利

小贴士

其他国家葡萄酒的品质特点与分类方法

西班牙

　　由于受到蚜虫病的侵害，法国波尔多地区的许多葡萄酒酿造者移居到西班牙，这使西班牙的葡萄酒酿造业得到了跳跃式的发展。如今，西班牙已经成为世界上屈指可数的葡萄酒生产大国。

日常餐酒
Vino de Mesa
地区餐酒
Vino de la Tierra
优良产地酒
DO
法定产地酒
DOC

美国

美国是在第二次世界大战后才开始了真正的葡萄酒酿造。最为人们所熟知的就是占美国葡萄酒九成产量的加州葡萄酒。凭借加利福尼亚大学的尖端技术，美国的高品质葡萄酒正在不断地诞生，不可小视。

普通餐酒
Generic Wine
用若干种葡萄酿造而成的日常餐桌葡萄酒。
优质产地酒
Varietal Wine
使用75%以上的单一品种，并需要在酒标上标注产地名称。

阿赞·阿格力—弗兰奇亚考达天然极品白

Az.Agr.Cavalleri
Franciacorta DOCG,
Blanc de Blancs,
Brut

　　100%使用自家公司葡萄园中人工采摘的霞多丽为原料，用传统香槟区酿造法制成，并进行了30个月的瓶内2次发酵。具有新鲜的果味和醇厚的口感，瓶身的设计也非常漂亮。

原产国:意大利

索诺玛州天然记年起泡葡萄酒（2002）

"J"
Sparkling Vintage Brut
Sonoma County '02

　　以人工采摘的霞多丽和黑皮诺为主要原料，适当添加了一些莫尼耶皮诺，用香槟区酿造法精制而成。西柚的果味和细腻的气泡极具魅力，瓶身的设计也让人眼前一亮。

原产国:美国

连接"香槟大战"和"为你的双眸干杯"的红丝带

右下角的照片上并排摆放着两瓶香槟。左侧的一瓶看上去较小，其实它就是标准的750毫升容量。而右侧的一瓶则是容量为3000毫升的特大型号。如果仔细观察，除了型号之外，二者还有其他不同。3000毫升的瓶身上除了印有商标，还有一个非常夸张的数字"1"。也许您已经想起来了，这就是在世界顶级的F1方程式拉力赛的颁奖仪式上，人们用互相喷洒气泡的"香槟大战"方式来表示庆祝的玛姆红带香槟。

此外，玛姆香槟还被许多艺术名流所青睐。有关它的作品非常多，比如郁特里罗的绘画，海明威的小说《太阳照常升起》等等。但是，让人印象最为深刻的还是电影《北非谍影》。俊男美女亨弗莱·鲍嘉和英格丽·褒曼将那句电影史上最浪漫的经典台词"为你的双眸干杯"演绎得让人如痴如醉。

这款香槟之所以如此受宠爱，也许就是因为瓶身上那条让人以难以忘却的红丝带。据说，这是从法国荣誉勋章的颁布典礼中得来的灵感，为的就是向聚会上的客人表示敬意。相信这款印有拿破仑一世钦定的最高勋章的香槟，无论到什么时候都只适合最高级的场合。

玛姆红带香槟
G.H.Mumm Cordon Rouge

白色

清淡型

使用从77个特级葡萄园和一级葡萄园中采摘的3个葡萄品种为原料，并用完美的比例将它们调和在了一起。而且，在补糖时严格控制糖分的添加，所以将原料与土壤的特点展露无遗。口感新鲜有活力，饮用后让人心旷神怡。

原产国：法国

第三章

享用香槟

与香槟搭配的当然是美食。如果在酒店或者香槟酒吧，您可以向专业的品酒师征求建议。不过，如果是在家里饮用，还是事先了解一下相关的菜肴搭配要更好一些。在此，我们仅介绍几种最适宜与香槟搭配的菜肴，它们的做法比较简单，味道和色泽也很不错。准备好自己深爱的香槟和美食，在家里举行一次小型的聚会，也许是一种最奢侈的享受。

香槟与不同菜肴的搭配

制造香槟所使用的葡萄种类、成熟状况不同，搭配的菜肴也不一样。不过，只要多用点心，就可让香槟与菜肴完美地组合在一起，营造出美妙的用餐时光。

浓烈型　　　　corps

酒体饱满，口感醇厚

浓郁、成熟的记年极品白

适合搭配的西餐	・法国浓汤 ・酱鹅肝 ・炖杂烩

清淡型　　　　esprit

酸度适中，口感清爽

清爽、新鲜的记年极品白

适合搭配的西餐	・鱼虾蟹 ・鱼子酱 ・水果沙拉 ・水果冰激凌

细腻型　　　　âme

让人感觉到精致的稀有极品香槟

稀有罕见的威望级特酿

适合搭配的日式菜肴	・酒蒸鲍鱼 ・炸毛爪螃蟹 ・所有高级的日式怀石料理

醇厚型　　　　coeur

余味和谐优雅

玫瑰香槟、甜味香槟

适合搭配的日式菜肴	・西京炸燕鱼 ・狮鱼萝卜 ・鲣鱼的生鱼片

❀ 香槟与鱼类的搭配 ❀

　　在香槟的酿造工序中，会将几十种甚至几百种基酒调配，加入糖分和酵母，在瓶内进行2次发酵。之后，还要和已经变成酒渣的酵母一起在酒窖中酿造。按照规定，即使是不记年香槟，最低的酿造时间也要有15个月。

　　和酒渣的酿造时间越长，酵母中的氨基酸就会越多地转化到酒中。这种氨基酸和鱼类菜肴非常搭配。

　　此外，由于香槟区独特的上等石灰质土壤，使得这个地区的起泡葡萄酒具有其他地区所无法比拟的矿物质口感，这也是与鱼类菜肴搭配的另一个原因。

　　鲽鱼、墨斗鱼与极品白等含霞多丽较多的清淡型搭配食用最合适。金枪鱼、竹荚鱼等含有脂肪较多，所以适合与含黑皮诺较多的浓烈型搭配。此外，贝类适合与浓郁的醇厚型玫瑰香槟搭配，蛤蜊、鳗鱼等则适合与成熟的细腻型搭配。

用香槟为家庭聚会增色

在找到自己喜欢的香槟之后，做一桌美味佳肴庆祝一下是不是感觉更好呢？心情愉快的清晨、心情舒畅的午后、节假日的前夕都是不错的选择。下面我们就来介绍一些适合与香槟搭配的美味菜谱。

 浓烈型

迷迭香风味的
土豆烤鸡肉

材料
（4人份量）

鸡腿（带骨）………… 4根
土豆………………… 4个
新鲜迷迭香………… 3根
蒜末………………… 1小勺
橄榄油……………… 3大勺
香槟………………… 3大勺
食盐、胡椒粉……… 适量

做法

1. 将鸡腿沿着骨头划几刀。

2. 将土豆去皮，切成4等份，浸入水中。摘下迷迭香的叶子。

3. 将鸡肉、土豆、迷迭香、蒜末、橄榄油、香槟放入同一盆中，浸泡30分钟左右（夏季的时候可以放在冰箱里进行）。

4. 将3中的所有材料并排放入耐热容器中，保证没有重叠。然后撒上盐和胡椒粉，在180℃的烤箱中上下翻滚烘烤各30分钟（合计60分钟）。

5. 将鸡肉用竹签串起来即可。如果肉汁还有些凉，可以再放进烤箱烘烤10～15分钟。

 清淡型

 香槟扇贝

材料
(4人份量)

扇贝	1千克
大蒜	1片
青蒜	碎末1大勺
荷兰豆	碎末1大勺
香槟	100毫升

做法

1. 除去扇贝表面的污垢和细丝。

2. 将扇贝、蒜末、青蒜、荷兰豆放入锅中，洒上少许香槟，盖上锅盖，点火加热。

3. 7分钟后，扇贝会微微张开。这时，再次盖上锅盖，等待全部张开后即可食用。

126

细腻型

西柚虾仁蔬菜

材料

(4人份量)

虾	12只
西兰花	1个
辣椒(红、黄、橙红)	各1个
蘑菇	8个
葡萄柚	1个
橄榄油	3大勺
食盐、胡椒粉	适量

做法

1. 将大虾用盐水清洗、去壳，除去腥腺。将西兰花切开，辣椒除籽，竖着切成6等份。
2. 将锅里的水加热至沸腾，放入虾仁、西兰花、辣椒、蘑菇煮一段时间。之后放入冷水中，再将水分控干。
3. 将西柚去皮，切成8等份。
4. 将虾仁、蔬菜、西柚放入碗中，加入橄榄油、食盐、胡椒粉等调味品即可。

🍷 浓烈型

鹌鹑蛋泡芙

 材料

(4人份量)

芦笋…………4根

块状生培根……30克

鹌鹑蛋…………6个

鲜奶油…………60毫升

蘑菇…………4个

食盐、胡椒粉…适量

 做法

1. 将芦笋煮熟，切成适宜入口的大小。将蘑菇切成6等份。

2. 将奶酪均匀地涂在容器上，然后将芦笋、蘑菇和生培根并排摆放，再打入鹌鹑蛋。

3. 倒入鲜奶油，包上保鲜膜，然后放进微波炉中加热10分钟。

4. 撒上盐和胡椒粉。因为培根中已经含有盐分，注意不要加得过多。

清淡型/细腻型

蟹肉浇汁豆腐

 材料

（4人份量）

豆浆……………250毫升

蟹肉罐头………70克

卤水……………1小勺

食盐、胡椒……适量

淀粉……………少量

 做法

1. 将卤水慢慢地加入豆浆中，用勺子搅拌均匀。

2. 将50毫升1中的混合液体放入耐热容器中，包上保鲜膜，使其融化。

3. 当豆浆凝固到可以摇动的程度时取出。

4. 将60毫升清水和带汁的蟹肉罐头倒入锅中，加入淀粉，再用盐和胡椒粉调味。

5. 将4中做好的肉汁浇在豆腐上即可。在冰箱冷藏后食用更佳。

浓烈型/醇厚型

比萨风格的长面包

材料 (4人份量)

长面包…………… 1根

辣酱…………… 6大勺

鲜奶酪…………… 1个

西红柿…………… 1个

食盐、胡椒粉…… 适量

做法

1. 将长面包竖着切成两半，在上面涂抹辣酱。

2. 将鲜奶酪、西红柿切成适当厚度的薄片，交替摆在涂好辣酱的面包上。

3. 在180℃的烤箱中烘烤10分钟，再撒上少许盐和胡椒粉。

 浓烈型/醇厚型

油炸奶酪

 材料 (4人份量)

奶酪……………… 2个

面粉……………… 适量

鸡蛋……………… 适量

面包粉…………… 适量

色拉油…………… 适量

柠檬……………… 适量

蓝莓酱（按照个人喜好酌减）

做法

1. 将奶酪切成6等份。

2. 按次序裹上面粉、鸡蛋和面包粉。

3. 用180℃的色拉油炸至金黄色。

4. 按个人喜好撒上柠檬汁，再涂上蓝莓酱即可。

▮ 浓烈型

香酥鳗鱼卷

 材料
〔4人份量〕

鸡蛋…………3个	A 汤汁…………2大勺	色拉油………适量
烤鳗鱼………半片	白砂糖………1大勺	
	甜料酒………1小勺	
	酱油…………1小勺	
	食盐…………适量	

 做法

1. 将鸡蛋打入碗中，加入A中的混合液体充分搅匀。将烤鳗鱼切成2厘米的薄片。

2. 将煎锅放在火上，倒入少量的色拉油。

3. 将一半的蛋清缓缓倒入煎锅中，尽量铺平。

4. 将鳗鱼放在离自己较近的一边，然后从里向外用煎鸡蛋把鳗鱼卷起来，再洒上少许色拉油。

5. 倒入剩余的蛋清，煎至半熟后再次从里向外将鳗鱼卷起来。

清淡型/细腻型

 清酒牡蛎饭

材料
（4人份量）

牡蛎·························· 12个
香米·························· 0.1千克
酱油·························· 2大勺
清酒·························· 2大勺

做法

1. 将牡蛎用萝卜泥清洗。
2. 在锅中加入酱油和清酒，加热至沸腾后加入牡蛎，盖上锅盖。
3. 再度沸腾后关火，冷却。
4. 将香米洗净，加入50毫升的清水，再加入牡蛎，蒸熟即可。

香槟甜品和香槟鸡尾酒

 香槟甜品

材料

牛奶······························ 280毫升
细砂糖···························· 50克
板状动物胶························ 5克
香槟······························ 60毫升
鲜奶油···························· 100毫升
柠檬汁···························· 少许
柠檬皮···························· 少许

做法

1. 将动物胶原蛋白浸入冷水中直至泡涨。
2. 将牛奶和细砂糖放入锅中，加热至50～60℃。加入动物胶，充分搅匀。
3. 将其倒入碗中，用冰水冷却，再加入香槟、鲜奶油、柠檬汁和柠檬皮，之后放进电冰箱凝固。柠檬加入过量可能会延迟凝固的时间，因此要适量添加。

金合欢鸡尾酒

材料

香槟······························ 1/2杯
鲜橙汁···························· 1/2杯

做法

1. 将冷却的鲜橙汁倒入香槟酒杯中（使用冷冻的橙汁也可以）。
2. 再加入冷却的香槟，充分搅拌均匀。

紫罗兰鸡尾酒

材料

香槟·························· 适量
蓝莓·························· 适量
青豆·························· 适量
草莓·························· 适量
酸奶甜酒····················· 2大勺

做法

1. 事先冷却好所有的材料。
2. 将材料按个人的喜好适量倒入杯中。
3. 加入酸奶甜酒，轻轻搅拌，最后注入香槟。

水果花鸡尾酒

材料

香槟·························· 适量
猕猴桃、草莓、菠萝等
各种颜色的时令水果······ 适量

做法

1. 将水果切成适宜入口的大小，放入杯中。
2. 加入香槟即可。

可以缓解身体疲劳的香槟浴

　　早上饮用的香槟被称为"清晨香槟"，这可能也是香槟这种酒的时髦之处。

　　香槟气泡的碳酸中含有氢离子，它对于缓解疲劳很有帮助。而且，香槟中的酒精还可以使毛细血管扩张，促进血液循环。因此，越来越多的人开始喜欢上清晨的香槟浴。

　　如果好不容易才进行一次清晨香槟浴，那么，优雅地以电影女明星的感觉去体会一下也是个不错的主意。这时，最理想的场景就是使用玫瑰等五颜六色的花瓣。在弥漫着玫瑰香气、漂浮着大量的玫瑰花瓣的浴缸中放松自己的身体，一定会让您变得更有女人味（当然，如果您是男士的话，就应该更有男人味了）。

　　不过，香槟毕竟是酒，因此应该适量饮用，特别是在入浴时注意不要贪杯。

❀玫瑰浴
内含50朵玫瑰、乳白色玫瑰浴液、浴衣、豪华整理箱

❀鲜花浴
内含可食鲜花4束、蘑菇奶酪、杏子奶酪、信乐香熏、整理盒、手提袋

后记

在找到了心仪的香槟之后，为了能够更好地品尝它，需要了解相关的常识，比如冷却方法、适饮温度、开启方法、酒杯挑选等。此外，我们还会介绍一些帮您更便利、更愉悦地饮用香槟的商品。最后，酷爱香槟的香槟博士将登场，讲述他对于香槟的真实感受。

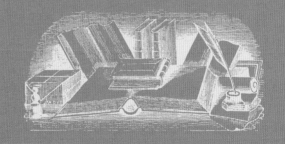

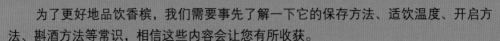

冷却、保存、开启、斟酒的方法

为了更好地品饮香槟，我们需要事先了解一下它的保存方法、适饮温度、开启方法、斟酒方法等常识，相信这些内容会让您有所收获。

☐ 冷却

冷却是让香槟更好喝的秘诀。但是，禁忌过分冷却，理想的温度是8℃～10℃。将香槟放入加冰的容器中冷却20分钟，然后再放入冰箱3小时，这才是最佳的饮用时间。因为心急把香槟放入冰柜，会损坏香槟的口感和香气，建议不要这么做。

使香槟更美味的适饮温度	
辣味香槟的适饮温度	8℃
甜味香槟的适饮温度	4℃

※由于种类不同，适饮温度也不一样，建议您在购买时向店员咨询。

☐ 保存

香槟需要保存在无光、无振的地方。因为香槟在上市时已经达到了最佳的饮用状态，没必要像红葡萄酒那样继续存放。而且，需要注意将瓶身竖立，这样不易氧化。如果没有特别标注保质期限，在酒窖中的酿造时间也就是上市后的保存期限。一般来说，不记年香槟的保质期限为1～2年，记年香槟为3～5年，威望级香槟为7～10年，但还是尽早饮用为佳。

138

香槟的开启似乎有些麻烦，不过，记住一些小窍门就会容易许多。最关键的就是不要弄出太大的声响，不要让软木塞飞出去。这两种做法会让人感觉不礼貌，因此一定要注意。如果实在觉得有难度，可以使用P142的商品。

 掀开箔金包装纸

从揭口处揭开箔金包装纸。也可以使用专用的切割刀。

 解开细铁丝

用右手按住软木塞，左手取下缠绕在瓶口的细铁丝。

 用毛巾包住瓶口

为了防止软木塞在压力下崩出瓶口，需要用手按稳并用毛巾包住。用另一只手支撑瓶底，慢慢旋转，不要向上提瓶，这种方法比较安全。

开启瓶塞

当感觉气体要喷出来的时候，将软木塞倾斜，留出一道缝隙，让二氧化碳气体一点点地溢出瓶外。这样一来，就不出声音地轻轻打开了软木塞。

□ 斟酒

1. 开启瓶塞后，为了让瓶内的二氧化碳稳定，最好稍等一会儿再斟入酒杯中。

2. 一下斟满可能会使酒杯中充满气泡而导致香槟溢出，因此最好是慢慢地边看边斟。

3. 不要斟满，半杯或多半杯最合适。

4. 如果酒瓶中还有剩余，最好放入冷却冰桶中保存。用专门的香槟塞堵住瓶口还可以防止气体泄漏，实现长时间的保鲜。

为了更好地享用香槟

如何选择合适的酒杯

葡萄酒的味道会因为酒杯的形状而有所差异，特别是香槟。为了完美地呈现出香槟特有的金黄色彩和闪闪发光的宝石般气泡，酒杯的选择非常关键。

从左往右依次是：能欣赏到香槟气泡从杯底升腾到杯口过程的酒杯（笛形高脚杯），在波尔多地区非常有名的巴黎之花专用酒杯（笛形高脚杯），略尖的底部可以看到气泡升腾过程的酒杯（郁金香形高脚杯），普通的葡萄酒杯（郁金香形高脚杯），装饰得很可爱的葡萄酒杯（笛形高脚杯），在阳光的照射下会发生颜色变化的酒杯（笛形高脚杯），设计优雅的酒杯（笛形高脚杯），普通形状的酒杯（笛形高脚杯），无支撑的裙形酒杯。

▢ 款式多样的香槟酒杯

香槟酒杯大致可以分为笛形高脚杯、郁金香形高脚杯和碟形高脚杯3种，需要根据香槟的种类和饮用的场合进行选择。为了显现美丽的气泡，可以使用笛形高脚杯；为了享受气泡升腾时的香气，可以选用郁金香形高脚杯；如果是在婚礼或聚会等场合，还可以使用碟形高脚杯。此外，即使是同一种类型的酒杯，也可能会因为高脚的程度而感觉不同，所以要不断地尝试。

如果您仔细研究过葡萄酒杯，就不会对其种类之多感到惊奇，它们都是为了更好地展现葡萄酒的种类以及葡萄酒的品质。对于香槟而言，虽然没有像普通葡萄酒那样的细致分类，但是当遇到年轻型和陈年型、以霞多丽为主和以黑皮诺为主这样的情况时，也要酌情选择不同的酒杯。在此，我们按照香槟的类型来做一个简单的介绍。

笛形高脚杯

酒杯特征

细长的笛形筒状，可以看到气泡漂亮的升腾过程。酒杯口径较小，所以里面的香槟温度不易升高。不过，口径过小会影响到香气的扩散。此款酒杯也有无脚的类型。

适宜搭配的香槟酒类型

清爽有活力的清淡型

郁金香形高脚杯

酒杯特征

和笛形高脚杯相比口径较大，香气容易扩散，适合香醇厚重的香槟。乍一看比较像葡萄酒杯，只是葡萄酒杯的杯底较圆，而它的杯底呈V字形，可以看到升腾的气泡。

适宜搭配的香槟类型

黑葡萄含量较高的浓烈型以及酿造时间较长的细腻型。

洗涤方法/干燥方法

香槟的气泡不仅会受到酒杯形状的影响，而且还与酒杯的洗涤和干燥方法密切相关。香槟酒杯不能用洗涤剂清洗，而是应该用热水冲洗，然后自然风干，再用干燥的软布擦干水痕。此外，如果擦拭后仍然有残留的痕迹，就需要使用专业的酒杯擦布。它能够彻底地除去水痕、斑点、污垢、油点和指纹。

碟形高脚杯

酒杯特征

高度较低，适合在餐桌上使用，因此多用于聚会等场合。但是，不适合欣赏气泡升腾的样子。此外，由于杯子较浅，香槟的温度容易下降，香气也容易扩散。传说它的形状是取材于玛丽·安托瓦内特的乳房。

品味香槟的专业工具

　　要是想经常在家里饮用香槟，提前准备好齐全的专业工具要更好一些。特别是开启瓶塞和防止气体外溢的工具，非常方便实用。亲朋好友聚在一起开怀畅饮，这些工具可以成为谈论的话题。如果将其送给喜爱香槟的友人，对方也一定会感到很高兴。

香槟塞

插入瓶口即可保持香槟的新鲜（兼用泵1个、香槟塞1个、葡萄酒塞2个）。如果改变用途，作为葡萄酒塞，还可以防止葡萄酒变质。

双重防溢香槟塞

防止香槟中气体外溢的自动装置。这样保存的香槟会新鲜不变味。也可以用做葡萄酒塞。

保存

香槟开启器

只要拉起控制杆就可以轻松开启瓶塞。其漂亮的外形也很适合作为礼品赠送。

香槟开启器和香槟塞

像瓶盖一样覆盖在软木塞上，可以轻松开启香槟，既方便又有趣。还可以作为防止气体外溢的香槟塞。

保存

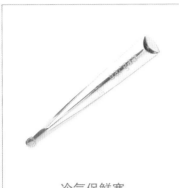

冷气保鲜塞

插在瓶口，依靠冷气的蔽障去减缓二氧化碳的释放速度，以实现长久的保鲜。

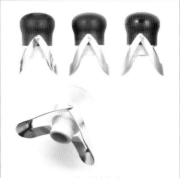

五色香槟塞

用于保持香槟的新鲜。外形可爱，坚固实用。由法国SCIP公司开发研制，有蓝、绿、红、白、黄5种颜色。

防溢

装饰品

简易冷却袋

用于电冰箱冷却时包裹香槟。大约5分钟即可达到冷却的效果，之后可以一直保持该温度。此外，还具有不弄湿瓶身的优点。

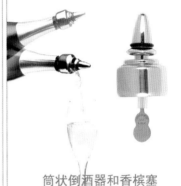

筒状倒酒器和香槟塞

插入瓶口，慢慢地将香槟斟入杯中。也可以用作香槟塞。

瓶盖

软木塞外层的金属瓶盖。如果是十分稀有的瓶盖，价格会很高。装饰性强，也可用作房间饰品。

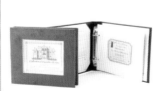

酒标收藏夹

可以插入纸质的酒标。每页3张（1本可装40张），有绿、棕、深绿、黑4种颜色。

时尚软木饰品

这是耳环吗？答案是：No。在大型聚会等人员众多的场合，可以将其放在杯底作为标记，方便认出自己的杯子（6个装）。

"香槟博士"的独白
走进梦幻的香槟世界

在这里，香槟酒吧的主人大井克仁博士将带您走进梦幻的香槟世界，并向您推荐适合不同场合饮用的特殊香槟。

□ 尽情享受拥有香槟这种"开怀酒"的美好日子

1994年本店建立时，据我所知，像这样以香槟为主题的酒吧应该只有我们一家。之前，在六本木曾经有过，遗憾的是，后来倒闭了。我的一个朋友是那家店的常客，在他的大力支持下，我们才开设了现在的这家香槟酒吧。最初的时候，只有30种香槟和8种酒杯，经营的也都是大型酿酒商的产品。后来，随着我们对香槟的深入了解，不知不觉间，经营的种类竟超过了300种。开店之初，香槟给人的感觉应该是"一种高级且奢侈的酒"，顾客几乎都是律师、医生、公司职员等阅历丰富的男性。大约是3年前，女性顾客和一些随意饮用的顾客才逐渐多了起来。香槟的魅力就在于它是一种"开怀酒"。在女性顾客中有一种有趣的说法，"如果失恋了就来喝香槟"。这样做不是为了使自己冷静，而是想要在尽情饮用香槟的过程中忘却往事，勇敢迈向新的明天。

香槟可以和菜肴搭配，也可以单独饮用。早上喝能够让人清醒，沐浴后能够降低体温。从这种意义上讲，香槟更是一种适合日常饮用的酒类。不过还是建议大家不要一直饮用同一款，应该更多地尝试，以便找到最适合自己的产品。而且，在这个过程中还可以感受到口味变化的乐趣。我们相信，您一定能够邂逅自己心仪的那一款香槟，并尽情享受有香槟陪伴的美好时光。

大井克仁

1951年生于东京。
从日本工业大学退学后开始经营餐饮业。
1994年开设香槟吧。
2000年将香槟种类扩大到316种，并因此获得吉尼斯世界纪录。
2004年加入法国香槟区骑士品酒团。
银座社交俱乐部会员。

在凯歌夫人安度晚年的城堡前

香槟区骑士品酒团荣誉勋章

吉尼斯世界纪录认定书

□ 香槟博士的推荐

独自一人享用 的香槟	亲朋好友聚会 的香槟	甜蜜恋人分享 的香槟

不会被人打扰的 私密时光	**物美价廉，品质出众**	**打造浪漫的二人世界**
← 白天 雅克森特酿 732 汉诺极品白特酿 ← 傍晚 阿尔弗雷德·古拉希安天然经典特酿 欧歌利屋特级葡萄园黑品白 ← 欣赏喜欢的DVD时 德·韦诺日路易十五特酿	亨利·阿贝尔天然传统特酿 珍莫诺天然不记年香槟 让·维赛勒鹌鹑眼天然香槟 迪阿波罗·瓦罗极品白 德拉皮耶·卡特多尔天然香槟	佩里耶·茹埃花样年华特酿玫瑰香槟 路易王妃水晶香槟 泰亭哲珍藏系列 凯歌玫瑰香槟 丽歌菲雅特酿

香槟酒吧

这里汇集了200多种香槟，从大型酿酒厂到小型酿酒商，应有尽有。除了法国菜肴，还可以和普通的家常菜搭配享用。酿酒商的海报、私人收藏的瓶盖等物品装饰着整个房间，让人不由自主地和它的主人一起沉浸香槟的梦幻世界中。

香槟皂

香槟博士推荐

用香槟制成的香皂。全部由天然原料制成，因此皮肤易过敏的人也可以安心使用。

145